"十四五"职业教育国家规划教材

职业形象设计与训练

ZHIYE XINGXIANG SHEJI YU XUNLIAN

（第七版）

新世纪高等职业教育教材编审委员会 组编

主　编　吴雨潼

大连理工大学出版社

图书在版编目(CIP)数据

职业形象设计与训练 / 吴雨潼主编. — 7 版. — 大连：大连理工大学出版社，2022.1(2025.6 重印)
ISBN 978-7-5685-3738-4

Ⅰ.①职… Ⅱ.①吴… Ⅲ.①个人－形象－设计－高等职业教育－教材 Ⅳ.①B834.3

中国版本图书馆 CIP 数据核字(2022)第 020090 号

大连理工大学出版社出版

地址：大连市软件园路 80 号　　邮政编码：116023
营销中心：0411-84708842　84707410　邮购与零售：0411-84706041
E-mail：dutp@dutp.cn　　URL：https://www.dutp.cn
大连天骄彩色印刷有限公司印刷　　大连理工大学出版社发行

幅面尺寸：185mm×260mm　　印张：12.5　　字数：289 千字
2004 年 9 月第 1 版　　2022 年 1 月第 7 版
2025 年 6 月第 6 次印刷

责任编辑：程砚芳　　　　　　　　　　责任校对：刘俊如
封面设计：张　莹

ISBN 978-7-5685-3738-4　　　　　　　　定　价：39.80 元

本书如有印装质量问题，请与我社营销中心联系更换。

前言

《职业形象设计与训练》(第七版)是"十四五"职业教育国家规划教材、"十三五"职业教育国家规划教材、普通高等教育"十一五"国家级规划教材,也是新世纪高等职业教育公共基础课系列规划教材。

本教材是《职业形象设计与训练》(第六版)的修订版,根据《国家职业教育改革实施方案》《关于推动现代职业教育高质量发展的意见》等文件精神,明确课程思政建设目标,以培养时代新人为着眼点,以"学以致用"为教材内容的取舍标准和逻辑结构修订而成。

1.课程思政:传授知识与价值引领有效结合

"尺寸课本、国之大者"。党的二十大报告强调:"育人的根本在于立德。"并把"加强教材建设和管理"放在了教育领域综合改革突出重要的位置。本教材紧密对接国家发展重大战略需求,遵循教育发展和学生成长规律,不断优化教材的内容体系、逻辑体系和呈现方式。深入挖掘和体现课程所蕴含的思政元素和所承载的思政教育功能,将思政元素有机地融入内容中,使传授知识与价值引领有效结合,达到润物无声的育人效果。

2.核心素养:教材体系向课程体系科学转化

本教材根据高等职业教育学生的培养目标,以及当代大学生思想特点和发展需求,以学生形成正确的职业认知为出发点,以学生养成良好的职业意识为主线,以专项能力课程内容为单元模块,对基础知识的编排重视渐次进行。本教材不仅适用于教师教学,也适用于学生自学,同时也可供对职业形象设计感兴趣的读者阅读。

3.激发兴趣:课程内容与教学资源相互补充

本教材对职业形象设计的基础理论、基本框架、发展规律及实践活动做了系统、全面的研究,融汇了美学、哲学、心

理学、色彩学、服饰学、身势学、语言学、交流学及人文学等多种专业学科知识,运用情境、体验、拓展和互动等形式打造生动立体的课堂效果,激发学生的学习兴趣及主动性,实现了教学资源与课程内容相互补充,诠释了"以人为本、终身教育"的理念。

4.产教融合:课程内容与行业需求科学对接

产教融合、校企合作是职业教育的基本办学模式。本教材紧密跟踪社会变化,践行就业教育理念,关注行业创新链条的动态发展,推动课程内容与行业需求科学对接。内容兼顾学生的职业方向和用人单位的需要,借鉴典型单位的职业形象设计与训练技能,设计基于工作过程典型的职业形象设计与训练技能培训方案。

在本教材的编写过程中,编者参考、引用和改编了国内外出版物中的相关资料以及网络资源,在此表示诚挚的谢意!请相关著作权人看到本教材后与我社联系,我社将按照相关的法律规定支付稿酬。

本教材的内容不尽全面,但编者已付出了最大努力,恳请同仁、专家和读者在使用本教材的过程中给予关注,并将意见和建议及时反馈给我们,以臻完善。

吴雨潼

所有意见和建议请发往:dutpgz@163.com
欢迎访问职教数字化服务平台:https://www.dutp.cn/sve/
联系电话:0411-84706672　84706581

目　录

绪　论 1
　　情境演练 3
　　情境拓展 3

上篇：思想系统——精神心理层

模块一　职业气质培养 9
　　情境一　气质的类型 9
　　情境二　气质与职业形象的关系 11
　　情境三　气质的塑造——情商管理 13
　　情境演练 18
　　情境拓展 19

中篇：外表系统——仪表风度层

模块二　职业色彩定位 23
　　情境一　色彩物理学 23
　　情境二　色彩生理学 26
　　情境三　色彩心理学 27
　　情境四　个人色彩定位 32
　　情境演练 36
　　情境拓展 36

模块三　职业服饰装扮 ··· 38

　　情境一　职业服饰装扮的原则 ·· 39

　　情境二　职业服饰装扮的技巧 ·· 39

　　情境演练 ··· 54

　　情境拓展 ··· 54

模块四　职业妆容设计 ··· 58

　　情境一　职业妆容设计的基本技巧 ··· 59

　　情境二　不同脸型的妆容技巧 ·· 67

　　情境三　不同环境的妆容技巧 ·· 68

　　情境演练 ··· 69

　　情境拓展 ··· 70

模块五　职业发式设计 ··· 72

　　情境一　发式设计的技巧 ··· 73

　　情境二　头发的养护 ·· 77

　　情境演练 ··· 79

　　情境拓展 ··· 80

下篇：行为系统——言谈举止层

模块六　职业口才锤炼 ··· 83

　　情境一　普通话基础知识 ··· 84

　　情境二　口语沟通的表现形式 ·· 99

　　情境演练 ··· 131

　　情境拓展 ··· 131

模块七　职业仪态训练 ·· 133
情境一　职业举止 ··· 133
情境二　职业表情 ··· 140
情境演练 ··· 142
情境拓展 ··· 143

模块八　职业礼仪修养 ·· 146
情境一　会见礼仪 ··· 146
情境二　方位礼仪 ··· 154
情境三　电话礼仪 ··· 158
情境四　餐饮礼仪 ··· 158
情境演练 ··· 174
情境拓展 ··· 175

模块九　职业生涯规划 ·· 176
情境一　职业生涯规划概述 ··· 177
情境二　个体特征与择业 ·· 179
情境演练 ··· 184
情境拓展 ··· 185

参考文献 ··· 190

二维码索引

微课:色彩物理学	23
微课:色彩的视觉适应	26
微课:色彩的单纯性心理效应	28
微课:人体色特征划分	33
微课:语气词"啊"的音变	90
微课:呼气练习	91
微课:语气	93
微课:语调	94
微课:停顿	95
微课:重音	96
微课:节奏	97
微课:语义转折法	110

绪　论

引　例

国外的一位心理学家曾做过一个试验：分别让一位身着笔挺军服的海军军官，一位戴金丝眼镜、手持文件夹的青年学者，一位打扮入时的漂亮女郎，一位挎着菜篮子、脸色疲惫的中年妇女，一位留着怪异头发、穿着邋遢的男青年在公路边上搭车。结果：海军军官、漂亮女郎、青年学者的搭车成功率很高，脸色疲惫的中年妇女稍微困难一些，那个邋遢的男青年就很难搭到车。

外表的美永远比内在的美容易发现。

——翻译家傅雷

美国心理学家奥伯特发现，在社会交往中，人的印象的形成这样分配：55%取决于外表，包括服装、个人气质、形体、发型等；38%取决于自我表现，包括音质、语气、语速、语调、姿势及动作等；只有7%取决于所讲述的真正内容。

有人说，当今的市场经济是"魅力经济"，即"形象经济"。形象魅力已经成为一种新的生产力资源，是集多种能力因素于一体的强大而又神奇的力量。有效地运用形象魅力将成为你获得成功的核心推动力。

形象是一个人精神面貌、性格特征等的具体表现，每个人都能够通过自己的形象让他人认识自己，而周围的人也会通过这种形象对你做出认可或不认可的判断。

所有从业者的形象都被称为职业形象。换言之，只要有职业，就有职业形象。职业形象与职业相伴而生，随着职业的变化而变化。职业形象是在一定时期内和一定环境下，社会公众对从业者（团队或个人）的外在表现和内在素质的印象、看法和认识的综合体现。

职业形象是一个系统，其内部由三个子系统构成，即：思想系统——精神心理层；外表系统——仪表风度层；行为系统——言谈举止层。每个子系统又包含一系列的要素。

一、思想系统

该子系统是职业形象的内部软件系统，它对另外两个子系统起着决定性作用。其主要构成要素有世界观、人生观、价值观、职业理想、职业信念、职业道德、自信心、人格、气质、智力、情感、潜意识及想象力等。

二、外表系统

该子系统是职业形象的外表状态,其主要构成要素有眼神、表情、色彩、动作、服饰、发式、妆容、气味及用品等。

三、行为系统

该子系统是职业形象的运作系统,是表现职业形象生命活力的系统。其主要构成要素有各种职业为人行为、职业礼仪行为及职业能力行为等。

以上三个子系统互相关联,互相作用,互相影响。

职业形象设计就是根据从业者的职业内容、性质和特点等,以最大限度地有利于其事业成功为目的,利用多种科学理论、方法和技术对其职业形象的各个方面、各个要素进行的系统设计。它是一门综合艺术,不仅包含了时尚、色彩及礼仪等相关知识,而且也融入了社会心理学、哲学、美学、交流学及人文学方面的专业知识,还涵盖着服饰学、色彩学、化妆造型设计及身势学等领域的内容。职业形象设计又被个人的生理性和社会性的差异以及动态性等条件所制约。生理性表现在人的自然本色,要扬长避短,做到形象合体;社会性表现在人的社会活动范围,要做好角色变换,使形象合适;动态性表现在环境的变化,形象要与之和谐。

设计好个人形象的根本目的就是处理好人际关系,引人注目,使人愉悦,让人接受,从而获得成功。

研究认为,与一个人初次会面,45秒钟内就能产生第一印象。第一印象又被称为"首因效应",指最先获得的印象会对他人的社会知觉产生较强的影响。尽管有时第一印象并不准确,但是正如那句俗语"先入为主",第一印象如同在一张白纸上写字,不管人们愿意与否,总会在决策时,在人的情感因素中起主导作用。他人根据外表判断我们,我们也通过观察他人的外表,包括长相、身材、肤色、发式、服装、言语、声调及动作等来判断他们。在现代社会,随着生活节奏的加快,很少有人愿意花更多的时间去了解、证实一个留给他不美好第一印象的人将来会如何,只有留给人们良好的第一印象,才能有机会开始第二步。在许多情况下,第一印象就是效率,就是效益。

成功的形象是指一个人能够展示出自信、尊严、力量和能力,它不仅反映了别人对他的视觉印象,也是一种外在辅助工具。它让一个人对自己的言行有了更高的要求,能立刻唤起他内在沉积的优良素质,通过穿着、微笑、目光接触、握手乃至一举一动,让他浑身散发出一个成功者的魅力。

现代职业形象设计具备以下特点:

(1)针对性:针对具体的目标要求进行形象设计。

(2)科学性:运用相关的科学知识,采用科学的方法,符合科学化的要求进行形象设计。

(3)系统性:形象设计的目标、内容、程序、方针、方法、战略和战术等都可系统化。

(4)创造性:即运用创造性思维提出创意、目标、策略、方案、方法,进行创造性形象设计。

(5)先进性:运用现代先进的手段和技术,如计算机技术、信息处理技术等进行形象设计。

(6)有效性:通过职业形象设计,使从业者的行动卓有成效。

在今天这个快速发展的高科技时代,传递各种图像的手段如此便捷,使我们有机会借助电视、网络等媒体迅速接触世界,"形象竞争"已经变得比以往任何时候都具有更加重要的意义,职业形象在某种程度上会决定职业人的职业生涯。如何使自己的形象特征分明、举止恰如其分,如何使自己从容自信地应对各种工作环境,在激烈的社会竞争中赢得一席之地,无疑已经成为职业人是否具有职业素养和发展潜质的衡量标准和构成要素。

【情境演练】

1.根据自己对职业形象设计三个子系统的理解,写出每一个子系统应包含的一系列形象要素。

2.了解对自己的认知程度:评价自己现在的形象特点,并指出不足之处。

3.有针对性地设计与训练个人形象,即希望自己具备什么样的形象特征,并请教师给予正确的引导。

【情境拓展】

你留给人的第一印象

测试题:

1.与人初次会面,通过交谈,你能对他(她)的举止谈吐、知识能力等方面做出准确的评价吗?(　　)

A.不能

B.很难说

C.可以

2.与他人告别时,下次约会的时间、地点是(　　)。

A.谁也没有提这事

B.对方提出的

C.我提出的

3.第一次见到某个人,你的表情是(　　)。

A.大大咧咧,漫不经心

B.紧张局促,羞怯不安

C.热情诚恳,自然大方

4.在寒暄之后,你是否很快就能找到双方共同感兴趣的话题?(　　)

A.觉得这很难

B.必须经过较长一段时间才能找到

C.是的,对此我很敏锐

5.你与他人交谈时的坐姿通常是( )。

A.两腿叉开

B.跷起二郎腿

C.两膝靠拢

6.你与他人交谈时,眼睛一般望着何处?( )

A.看着其他的东西或人

B.盯着自己的纽扣,不停玩弄

C.直视对方的眼睛

7.与他人寒暄时,你选择的交谈话题一般是( )。

A.自己所热衷的

B.两人都喜欢的

C.对方所感兴趣的

8.与他人第一次交谈,你们分别所占用的时间是( )。

A.我多于他

B.差不多

C.他多于我

9.交谈时你说话的音量总是( )。

A.高亢、热情

B.很低,以致别人听得较困难

C.柔和而低沉

10.你说话时( )。

A.常用肢体动作补充语言表达

B.偶尔做些手势

C.从不做肢体动作

11.你讲话的速度( )。

A.非常快

B.十分缓慢

C.节律适中

12.假如别人谈到了你兴趣索然的话题,你会( )。

A.打断别人,另起一个话题

B.显得沉闷、忍耐

C.仍然认真听

评分标准:

选 A 计 1 分;选 B 计 3 分;选 C 计 5 分。

结果分析：

1.分数为12～22：首因效应差。你本心希望给他人一个美好印象，可是你的漫不经心、缺乏体贴或语言无趣，无形中造成了他人错误的理解。

2.分数为23～46：首因效应一般。你的表现中存在着某些令人愉快的成分，但又偶有不够精彩之处，这使得他人不会对你产生恶劣的印象，却也不会被你强烈地吸引。如果你希望提高自己的魅力，必须重视在"交锋"的第一回合即显示出最佳形象。

3.分数为47～60：首因效应好。你的适度、温和与配合给第一次见到你的人留下了深刻的印象。无论对方是你工作范围或私人生活中的接触者，他们都有与你进一步接触的愿望。

上篇：思想系统——精神心理层

模块一

职业气质培养

引 例

武则天临朝称制的时候,英国公徐敬业发动叛乱,并请诗人骆宾王写了一篇《为徐敬业讨武曌檄》。有人把这篇充满了激进之辞的檄文念给武则天听,他一边读一边吓得瑟瑟发抖,以为武则天一定要发雷霆之怒了。不想,则天皇帝听着听着,不但没有发怒,反而笑着说:"秀才造反嘛!"意为"秀才造反,十年不成,由他们去吧"。然后她竟然又说:"文章写得真好,谁写的?"当她知道作者是谁后,表示赞赏。

只要你具备了精神气质的美,只要你有这样的自信,你就会相有风度的自然之美。

——作家金马

气质展现着个体的个性心理特征,是影响个性形成的重要因素之一。气质主要表现在情绪体验的快慢、强弱以及动作的灵敏或迟钝方面,能够为人的全部心理活动表现染上一层浓厚的色彩。气质是由人的生理素质或身体特点反映出的人格特征,是人格形成的原始材料之一。它在新生儿期即有表现:有的婴儿安静,有的婴儿好哭,婴儿的表现会影响其父母或哺育者与其的互动关系,从而影响其人格的形成。

气质与性格的差别:气质是先天的,与生俱来的,不易改变的;性格是后天形成的,较易改变。某种气质的人更容易形成某种性格,性格可以在一定程度上掩饰、改变气质。气质的可塑性小,性格的可塑性大。

情境一 气质的类型

一、外国关于气质的学说

(一)气质的体液说

古希腊医生希波克拉底很早就观察到人有不同的气质,认为人体内有四种体液:血液、黏液、黄胆汁和黑胆汁。他根据人体内的这四种体液的不同配合比例,将人的气质划分为四种不同类型。

1. 多血质:血液在体内占优势。

2. 胆汁质:黄胆汁在体内占优势。

3. 黏液质:黏液在体内占优势。

4. 抑郁质:黑胆汁在体内占优势。

这种体液说已不被采纳,但四种气质类型的名称仍得以沿用。

(二)气质的体型说

德国精神病学家与心理学家克雷奇默从先天的生理角度出发,认为人的不同体型是导致人具有不同气质的主要原因。

1. 瘦长型的人:多为分裂气质的人,宁静、冷漠,不喜欢与人交往。

2. 矮胖型的人:多为躁郁气质的人,活泼、开朗、亲切、温柔、直率、爱社交。

3. 强壮型的人:多为黏着气质的人,认真、固执、有韧性,情绪稳定且有爆发性。

(三)体型的气质说

美国心理学家谢尔顿从克雷奇默的成果出发,对人的体型与气质的关系做了更为深入的研究,提出了体型气质说。

1. 内脏紧张型:行为随和,好交际,图舒服,好美食,好睡觉,爱做轻松的事。

2. 身体紧张型:精力充沛,大胆直率,冲动好斗,武断,过于自信。

3. 头脑紧张型:内心丰富,思考周密,倾向于智力活动,不好交际,敏感,反应迅速,睡眠差,易疲劳,爱好艺术。

(四)气质的血型说

日本学者古川竹二认为人的气质与血型有关,根据人的血型将气质分为 A 型、B 型、AB 型、O 型四种类型。

1. A 型:内向,保守,温和,稳重,顺从。

2. B 型:外向,积极,感觉灵敏,善于社交。

3. AB 型:兼有 A 型和 B 型的特点。

4. O 型:大胆,自信,志向高远,好胜,意志坚强,喜欢指挥他人。

事实上,并没有证据证明气质与血型有必然的联系。

(五)气质的高级神经活动学说

俄国生物学家巴甫洛夫认为人有四种典型的高级比较霸道神经活动类型,即活泼型、兴奋型、安静型、抑郁型,分别与希波克拉底的四种气质类型相对应,人们平常所说的气质就是指这种分类法。见表1-1。

表 1-1　　　　　　　　　　　　　气质的高级神经活动学说

气质类型	高级神经活动类型	倾向性	特征	代表人物
多血质	活泼型	外倾性	活泼,好动,敏感,反应迅速,喜欢与人交往,注意力容易转移,兴趣与情绪容易变换	孙悟空
胆汁质	兴奋型	外倾性	直率,热情,精力旺盛,急躁,兴奋性高,易冲动,心境变换剧烈	张飞
黏液质	安静型	内倾性	安静,稳重,反应缓慢,沉默寡言,情绪不易外露,善于忍耐	薛宝钗
抑郁质	抑制型	内倾性	孤僻,行动迟缓,感受性强,敏感,细致	林黛玉

人的气质类型可以通过一些方法加以测定,但完全属于某一种类型的人很少,多数人是介于各类型之间的中间类型,即混合型。

二、中国古代关于气质的学说

《黄帝内经》对人的心理和生理上的个性差异进行了详细描述,根据五行法把人归为五种不同类型。

1.金型的人:面呈方形,皮肤白色,肩膀和脚都小,骨头轻;为人清廉,性情急躁、刚强,办事严肃认真、果断利落,态度坚定不移。

2.木型的人:肤色苍白,头小脸长,肩阔背直,身体弱小;忧虑,勤劳。

3.水型的人:皮肤较黑,头大,肩膀窄;好动,走路时身体摇晃,无所畏惧,足智多谋。

4.火型的人:皮肤发红,背部肌肉宽厚,脸尖瘦,头小,手足小;步履稳重,走路时肩背摇晃;性格多疑,缺乏信心,态度诚恳。

5.土型的人:皮肤呈黄色,头大脸圆,腿部壮实,手足不大,肌肉丰满,身体匀称;助人为乐,对人忠厚。

三、美学意义的气质

美学意义上的气质更接近于日常生活中的范畴,气质是一种感觉,难以言传,但又是形之于外的,气质就是"魅力",高雅的气质使人具有像艺术品一样的神韵和风格。

在中国传统文化中,气质主要指通过后天习染而焕发出的仪态风采。北宋理学家张载说:"为学大益,在自求变化气质。"指通过后天的学习可以改变和完善原有的气质。

情境二　气质与职业形象的关系

气质本身并没有善恶、好坏之分,每种气质有其积极的一面,也有其消极的一面。某种气质特征往往能为胜任某项工作提供有利条件,而对另一些工作又表现出明显的不适应。研究和实践都表明,气质特征是选择职业的重要依据之一。

一、气质类型与职业形象

(一)多血质气质与职业形象

1.情感职业形象:健谈,幽默,自我表现欲望强,喜欢聚会,感情外露,善变,有些孩子气。

2.工作职业形象:择业时,积极主动,热情大方,善于推销自己,适应性强,很受用人单位欢迎。适合出头露面的交际类职业,如记者、律师、公关人员、秘书、艺术工作者等。

3.服饰职业形象:追求质朴、明快的个性风格,式样大胆,给人一种朝气蓬勃的感觉。

(二)胆汁质气质与职业形象

1.情感职业形象:感情专注,意志果断,诚恳热情。

2.工作职业形象:择业时,主动性强,具有竞争意识,通常倾向选择且适合竞争激烈、冒险性和风险性强的职业或社会服务型的职业,如做运动员、探险者等,甚至去偏远及欠发达地区工作。

3.服饰职业形象:讲究优雅、华贵的个性风格,给人以张扬而又不失严谨的感觉。

(三)黏液质气质与职业形象

1.情感职业形象:完美主义者,有艺术天赋,冷静而富有诗意,有自我牺牲精神。

2.工作职业形象:择业时,沉着冷静,目标确定后具有执着追求、坚持不懈的韧性,从而弥补了其他素质的不足。一般适合做医务人员、图书管理员、情报翻译员、教师、营业员等。

3.服饰职业形象:讲究随意自然、成熟稳重的个性风格,给人以亲切质朴的感觉。

(四)抑郁质气质与职业形象

1.情感职业形象:做事慎重,通常会仔细考虑之后再采取行动,而且善于将问题在头脑中组合、计算、确定对策,然后再按预定的目标一个一个地去执行,将问题处理好。

2.工作职业形象:择业时,思虑周密,有步骤,有计划,一般较适合从事理论研究工作等。

3.服饰职业形象:讲究典雅、浪漫的个性风格,给人一种清新明朗的感觉。

二、气质类型与"量才为教"

虽然气质也会受后天环境的影响,但因为气质的生理基础是人的高级神经活动类型,所以并不提倡改变气质本身。只有"量才为教",才能使原来的气质特征中的优秀部分得到好的保护,不良部分得以去除。

(一)多血质的教育要点

1.着重培养其扎实、专一和勇于克服困难的精神。
2.防止其见异思迁。
3.创造条件,多给予其活动机会。
4.严厉批评其缺点。

(二)胆汁质的教育要点

1.着重培养其自制能力和坚持到底的精神。

2.不轻易激怒他。
3.严厉批评其缺点。
(三)黏液质的教育要点
1.着重培养其热情、爽朗和生机勃勃的精神。
2.对其缺点的批评、教育要耐心,要允许其有考虑与做出反应的足够时间。
(四)抑郁质的教育要点
1.着重培养其亲切、友好、大方、刚毅和富有自信的精神。
2.对其缺点,不在公开场合下指责,不进行过于严厉的批评。可以鼓励其多参加集体活动,培养友爱精神,增强自信心。

情境三 气质的塑造——情商管理

气质特性是天生的,尽管改变起来是缓慢的,但可塑性很大,只要努力改变某些气质的消极因素,对于职业形象的改善与提升仍具有积极意义。这就要求人们在对自身职业形象的气质因素进行设计与训练时,学会观察、分析和吸收榜样的气质特征,选择合适的设计方案与训练方式,经过坚持不懈的努力,达到改善原有气质特征、塑造新的职业形象的目的。

对气质的认知、识别、引导、促进、控制及调节的能力与方法就是情商管理。

一、情商概述

情商(EQ)源于情绪智力一词,是由美国的两位心理学家约翰·梅耶(新罕布什尔大学)和彼得·萨洛维(耶鲁大学)于1990年首先提出的,而后又被誉为"情商之父"的哈佛大学心理学博士丹尼尔·戈尔曼进一步研究并扩展。指个体准确觉察自己及他人的情绪,理解人际关系中所表达的情感信号,以及管理自己和他人情绪的能力。

丹尼尔·戈尔曼通过科学论证得出结论,认为"情商是人类重要的生存能力",一个人一生的成就,有20%的因素取决于智商,剩下的80%受其他因素,尤其是情商的影响。他将情商概括为以下五个方面的能力:认识自身情绪的能力、妥善管理情绪的能力、自我激励的能力、认识他人情绪的能力、人际关系的管理能力。

情商的水平不像智力水平那样可用测验分数较准确地表示出来,只能根据个人的综合表现来进行判断。

二、情商管理

情商管理不是一种天赋,而是一种可以通过不断地训练来提升的能力。

(一)认识自身情绪

人的内心是多元化的,每个人都生活在情绪中,情绪影响着每个人每天的生活和工作,常常会导致沟通无效。客观地认识自我,学会控制与引导情绪,才能发挥情绪的积极作用,达成有效沟通。

1.认识自我的类型

在生活中,有的人乐观向上,有的人却悲观绝望,原因是他们认识、觉察和处理自身情绪的方式不同。约翰·梅耶将人的情绪管理方式分成三种类型：

(1)自我觉知型

这种类型的人能有效地管理自己的情绪，是高情商者。他们情绪复杂丰富，心理健康，人生观积极向上。一旦出现情绪，自己便能觉察，情绪低落时绝不沉浸其中。

(2)难以自拔型

这种类型的人一旦卷入情绪的低潮中便无力自拔，情绪多变而又不自知，常常处于情绪失控状态，精神极易崩溃。

(3)逆来顺受型

逆来顺受型又被称为认可型，这种类型的人很了解自己的感受，接受、认可自己的情绪，并不打算改变。这种类型还可以细分为两种：

①乐天知命型：整天开开心心，自然不愿意也没有必要去改变。

②悲观绝望型：虽然认识到自我的情绪状态，而且明知是不良情绪，但却不想去改变。抑郁症患者多是这一类人的典型，他们沉溺于自己的绝望和痛苦中。

2.认识自我的途径

(1)通过自我观察

观察自己的各种身心状态，如身高、外貌、体态、性格及与他人的关系等。在自我认识的过程中伴随着情感体验，如由外貌引发的自信或自卑的情绪，以及是否有目的、自觉地调节和控制自己的想法和行为，更好地认识外在形象和内在自我。

(2)通过他人评价

"以人为镜，可以明得失"，在认识自我的过程中，虚心听取他人的评价，同时又要客观、冷静地分析他人的评价，从多角度来认识自我。

(3)通过社会比较

将自己的现在与过去和未来进行纵向比较，与同龄人或者有类似条件的人进行横向比较，通过更全面的纵横社会比较来正确认识自我。

(4)通过社会实践

通过与他人的合作情况了解自己的人际沟通能力，通过组织开展活动分析自己的组织管理能力，通过参加知识类的活动评估自己的知识掌握程度，以便更加客观地认识自我。

(二)妥善管理情绪

能以乐观的态度、适合的方法探索自己的情绪，然后调整、理解、放松自己的情绪。

1.觉察情绪

觉察自己的情绪是管理情绪的第一步，应时常提醒自己注意"我的情绪是什么"，并分析情绪产生的原因。然后接纳正常的情绪，当情绪体验与客观事件相符时，首先告诉自己"当前情绪正常"，这样会降低情绪的紧张程度。

2.释放情绪

所有的情绪都需要通过积极地释放才能缓解，如果情绪出现后没有主动去寻找出口，大脑神经系统就会帮助寻找身体的出口，久而久之容易引发各种疾病，也会导致与他人沟通不畅。

3.纾解情绪

纾解情绪的目的在于给自己一个厘清想法的机会,比如,"我为什么这么难过、生气?""怎么做将来才不会重蹈覆辙?""怎么做可以使我愉快一些?""这么做会不会带来更大的伤害?"从这几个角度去选择适合自己且能有效纾解情绪的方式,就能够控制情绪,而不是让情绪来控制自己。

(三)自我激励

美国心理学之父威廉·詹姆斯的实验研究表明,在缺乏激励的情况下,人的能力只能发挥20%~30%;而经过充分激励,其能力则可发挥至80%。

自我激励可以随时随地进行。人的心理动力在经过激励后会加大,人的积极性会大幅提升,从而推动自己朝着既定的目标加速前进。个体可以经常有意识地激发自己对生活及工作的热忱,每天花点时间做自己喜欢的事,体会到其中的乐趣。每天回想当天发生的令自己感到愉悦或者有成就感的事情,哪怕很小的事情都能成为一种鼓舞。

(四)识别他人情绪

识别他人情绪的能力就是对他人感同身受的能力,读懂他人情绪释放出什么信号,就能与其平等沟通。每个人都或多或少与他人产生过共情,也能立刻感受到他人对自己的体谅。共情需要真心实意地去关心他人的感受和境遇,设身处地为他人着想,前提是先了解自己的情绪,并且把自己的理解和感受传达给对方。

1.用心倾听

美国听力研究专家莱曼·斯蒂尔博士的研究表明:人们每天花在与人沟通的时间中,写占9%,阅读占16%,说话占30%,倾听占45%。

"听"是"说"的基础,是有效沟通的前提。倾听是学习、了解外部世界的重要渠道,是识别他人情绪的最好方式之一。在倾听中,要关注对方,投入情感,进行记忆、分析,并随时准备表达自己,最终达到理解和被理解的目的。倾听不仅能够传递"我理解你"的信息,让对方获得满足感,还可以提升自己的交际能力,为实现有效沟通奠定基础。

2.观察非语言信息

美国学者米迪·C.皮尔认为,即使是最保守的看法,在某一交往过程中,35%的社会信息是通过语言传递的,其余65%的信息是由非语言手段传递的。

非语言信息是人们对外界刺激的下意识反应,它很难被掩饰和压抑,而会以眼神、表情、手势、装扮及与他人的空间距离为载体进行信息传递。在沟通中,非语言信息可表达难以用语言表达的情感、情绪及感觉,等等。当语言信息和非言语信息表达的意思不一致时,更要格外注意非言语信息的表达。

(五)人际关系管理

1.善用爱的力量

爱是生命中最好的养料,爱是一种无坚不摧的伟大力量。爱是一种付出的能力,当付出是无条件和真诚的时候,回报也是成正比的。

【案例】

一位社会学教授让学生们到贫民窟调查200名男孩的成长背景和生活环境,并对他们未来的发展做出评估,结果每个学生的结论都是"他们毫无出头的机会"。

25年后,另一位教授发现了这份研究,便让学生们调查那200名男孩的现状。结果除了20名男孩因搬离或过世已无法联系外,其余的180名中有176名成就非凡。其中,有许多人成为律师、医生或商人。

教授在惊讶之余决定深入调查此事,他问当年曾受评估的这些人同一个问题:"你今日会成功的最大原因是什么?"结果他们不约而同地回答:"因为我遇到了一位好老师。"

教授去向那位老师请教有何绝招能让这些在贫民窟长大的孩子成功,那位老师眼中闪着慈祥的光芒,说道:"其实也没什么,我爱这些孩子。"

2.懂得宽容

宽容是一种修养、一种品质、一种美德。至高境界的宽容表现在日常生活中对某件事的处理上,更升华为一种待人处事的人生态度。

宽容首先包括对自己的宽容,即心平气和地生活、工作,这种心境是生存的良好状态。宽容的过程也是互补的过程,宽容他人的过失意味着给他人醒悟的时间和悔改的机会,并以适当的方法给予批评和帮助,从而避免大错。懂得宽容,许多难题都会迎刃而解。

【案例】

战国时期,秦国向赵国强索"传国之宝"和氏璧,赵国大臣蔺相如奉命带璧入秦,他机智周旋,最终完璧归赵;秦王与赵王相会于渑池,蔺相如不卑不亢地回击了秦王施展的种种手段,使赵王平安归来。因其功任为上卿,官居于大将廉颇之上。

廉颇居功自恃,不服蔺相如,扬言要羞辱他。蔺相如却谨记"先国家之急而后私仇也",始终避让。廉颇被蔺相如以大局为重的宽广胸怀感动了,于是亲自到他的府上负荆请罪,从此二人成为刎颈之交。

3.真诚赞美

喜欢听到赞美是人们提升自尊,寻求理解、支持和鼓励的一种正常的心理需求。赞美是人际沟通的润滑剂,它可以给人带来快乐和温暖,能够给予人鼓舞和积极向上的力量。

(1)情真意切

情真意切是赞美的前提和基础,赞美不是一种虚伪的语言,而是以"爱"为基点,发自肺腑、出自内心地去挖掘、欣赏他人的优点。

(2)实事求是

赞美在有事实依据的基础上进行才有意义,即确实认为某个人有值得赞美的地方才去赞美。如果言不由衷或言过其实,便会有阿谀奉承之嫌,容易让人误以为赞美者有什么个人企图,第三者听了也会不以为然。

(3)雪中送炭

有效的赞美不是锦上添花,而是雪中送炭。最需要赞美的不是功成名就的人,而是那些有自卑感或身处逆境的人。他们平时很难听到赞美的话语,一旦被人真诚地赞美,便有可能振作精神,自信心倍增。

(4)翔实具体

赞美内容越翔实具体,越说明赞美者的关注与用心。如朋友理了新发式,与其泛泛地说"你的发式很好看",不如说"这个新发式使你看上去更干练了"。第二句话强调了赞美的依据及针对性。

(5)恰如其分

赞美需要因人而异,突出个性。针对被赞美者感兴趣或比较擅长的话题,根据其文化修养、性格、心理需求、所处背景、语言习惯、职业特点及经历等不同因素恰如其分地进行赞美,可以达到事半功倍的效果。赞美的尺度会直接影响赞美的效果,点到为止即可。夸张的赞美有可能使被赞美者理解成讽刺、讥笑,或是别有用心。

(6)合乎时宜

时机往往是事物发展的连接点和转化的关键点,赞美是具有时效性的,因此要相机而行,才能取得最佳效果。例如,当他人计划做一件有意义的事情时,开始阶段的赞美能激励被赞美者下决心做出成绩,中间阶段的赞美有益于被赞美者再接再厉,结尾阶段的赞美可以肯定被赞美者的成绩,为其指出进一步努力的方向。

4.适当批评

良药未必苦口,忠言未必逆耳。艺术性的批评既是一种重要的激励方式,又是一种有效沟通的信号。批评更多地取决于一些微妙的、甚至难以言传的感应和领悟。批评的方法应是以事实教育人,以道理开导人,以后果提醒人。

(1)委婉式

批评往往具有否定性,极易造成受批评者心理上的排斥,从而影响批评的效果。如果话语具有弹性,用委婉的方式留给受批评者一个可以思考的余地,既可以照顾其面子,又指出了问题。

(2)安抚式

无论是哪种批评方式,受批评者心里都会产生或多或少的不适。如果及时说出安抚的话,受批评者不仅不会对批评者产生怨恨之情,还会在当时就认识到自己的错误,进而更有动力去改进。

(3)幽默式

在批评过程中可使用富含哲理的故事、双关语及形象的比喻等来缓解受批评者的紧张情绪,启发其思考,使整个过程在轻松愉快的氛围里进行。这种批评方式往往以半开玩笑半认真的方式进行,先打破僵局,再转入实质问题。即使受批评者一时还接受不了,也不伤和气,更不至于难堪。

(4)"三明治"式

在批评心理学中,人们将批评的内容夹在两个表扬之中,从而使受批评者愉快地接受批评的现象称为三明治效应。

第一层是认同、赏识、肯定及关爱受批评者的优点或积极面;中间层夹着建议、批评或不同观点;第三层是鼓励、希望、信任、支持和帮助。此种批评方式不会挫伤受批评者的自尊心和积极性,可以使其心悦诚服地接受批评。

【情境演练】

游戏:情绪感染

一、规则

第一轮:

1.参与者围成一圈,闭上眼睛。主持人在圈外走几圈,拍一下某个成员的后背,确定其为"不安情绪源",注意不让第三者知道情绪源是谁。然后所有人睁开眼睛,散开,尽可能与更多的人沟通。

2.情绪源通过眨眼睛的动作将不安情绪传递给其他三人,获得眨眼睛信息的人要当作自己感受到了不安情绪,继续向另外三人眨眼睛,将不安情绪传递给他们。

3.五分钟后,参与者坐下来,让情绪源站起来,接着是三个被他传染的人站起来,再接着是被那三个人传染的人站起来,直到所有被传染的人都站了起来,结果是大家看到了情绪传染的可怕性。

第二轮:

1.主持人告诉参与者,已经找到了治理不安情绪传染的有效措施,那就是制造快乐情绪,用真挚柔和的微笑冲淡大家由不安情绪带来的心理阴影。

2.参与者围成一圈,闭上眼睛。主持人告诉大家将选择一人为"快乐情绪源",并通过微笑将快乐传递给大家,任何一个得到微笑的人也要将微笑传递给其他三人。

3.主持人在参与者的身后转圈,假装指定了快乐之源,然后让大家睁开眼睛,自由活动。

4.三分钟后,参与者坐下来,让收到快乐信息的人举手,然后让大家指出情绪源,结果是大家会指向不同的人。

5.主持人告诉参与者实际上根本就没有指定的快乐情绪源,是他们的快乐感染了自己。

二、讨论

1.不安和快乐哪个更容易被传染?在第一轮中,当你被传染了不安情绪,你是否会真的感觉到不安,举止动作是否反映出这一点?在第二轮中呢?

2.在游戏的过程中,你对于别人要传染给你不安的预期导致你真的开始不安,你想让别人对你微笑,促使你接受和给予微笑。在日常的生活、学习和工作中,你是否遇到过这种事情?

3.在团队里面,一个人的情绪是否会影响其他人,是否会影响团队的工作效率?为了防止被他人的负面情绪所影响,你需要做什么?

【情境拓展】

情商能力测试

测试题：

1. 对自己的性格类型有比较清晰的了解。
2. 知道自己在什么样的情况下容易发生情绪波动。
3. 懂得从他人的言谈与表情中发现自己的情绪变化。
4. 有扪心自问的反思习惯。
5. 遇事三思而后行，不赞同"跟着感觉走"。
6. 遇有不顺心的事能够抑制自己的烦恼。
7. 遇到突发事件，能够冷静应对。
8. 受到挫折或委屈，能够保持能屈能伸的乐观心态。
9. 出现感情冲动或发怒时，能够较快地"自我熄火"。
10. 听到批评意见（包括与实际情况不符的意见）时，没有耿耿于怀、闷闷不乐。
11. 在人生道路上的拼搏中，相信自己能够成功。
12. 决定了要做的事不轻言放弃。
13. 工作或学习上遇到困难，能够自我鼓励、克服困难。
14. 相信"失败乃成功之母"。
15. 办事出了差错，总结经验教训，不怨天尤人。
16. 对同学、同事们的脾气、性格有一定的了解。
17. 经常留意自己周围的人的情绪变化。
18. 与人交往要了解和尊重他人的情感。
19. 能够说出亲人和朋友各自的一些优点和长处。
20. 不认为参加社交活动是浪费时间。
21. 没有不愿与他人合作的心态。
22. 见到他人的进步和成就没有不高兴。
23. 与人共事懂得不能"争功于己，诿过于人"。
24. 朋友相处能够"严于律己，宽以待人"。
25. 知道失信和欺骗是友谊的大敌。

结果分析：

1. 第1～4题：答"是"3道以上，表明你对自身的情绪有较高的认知。
2. 第5～10题：答"是"4道以上，表明你对自身的情绪有较高的控制力。
3. 第11～15题：答"是"4道以上，表明你善于自我激励。
4. 第16～18题：答"是"3道以上，表明你能够了解他人的情绪。
5. 第19～25题：答"是"5道以上，表明你善于人际沟通。
6. 总体衡量：25道题中，答"是"20道以上者属高情商，答"是"14～19道者属中等情商，答"是"13道以下者属偏低情商。

【中篇：外表系统——仪表风度层】

模块二 职业色彩定位

引 例

国外有医生在治疗神经疾病的实践中,发现有些患者在看见红色时就会情绪激动,而看到绿色时就会安静下来。美国心理学家R·阿恩姆在他的《色彩论》中也引用了一位足球教练的报告:"把球队的更衣室油漆成蓝色的,使球员在半场休息的时候处于缓和放松的气氛中。但室外却涂成红色的,这是为了给我做临阵前的打气讲话提供一个更为兴奋的背景。"这都是由于色彩在生活中发挥作用,影响人们的心理感觉而造成的。

我们的目的就是要利用色彩来创造美。

——法国浪漫主义画派大师德拉克洛瓦

人们能够感知物体存在的最基本的视觉因素是色彩,服装讲究色彩搭配,美食要有美色相伴,生活用品以色彩展现魅力,可以利用色彩的搭配来美化城市……在人类物质生活和精神生活发展的过程中,色彩始终扮演着重要的角色,色彩信息已广泛地深入生活的各个领域,人们在色彩中选择,在色彩中享受。

喜欢色彩是一种美德,更是一种本能。科学家曾做过统计分析,在七秒钟内,能让人记住的只有色彩。当一个人远远走来,我们看不清他(她)走路的姿态、五官的轮廓,但是在百米之外就看清了他(她)衣着的色彩。所以说,色彩是你的第一张名片。

色彩在职业形象设计中是很重要的视觉语言,常常以不同形式的组合配置影响着人们的情感。因此,色彩是表达情感的一门艺术,是整个形象设计的灵魂。

情境一 色彩物理学

色彩可分两大类:有彩色、无彩色。

黑、白、灰属于无彩色;有彩色无数,以红、橙、黄、绿、蓝、紫为基本色,可分辨的有200万~800万种。另外,还有一些特殊色,如金色、银色、荧光色,等等。这些色由于本身性质的特别,既不能混合出其他色彩,也不

色彩物理学

能被其他色彩混合,但它们互混、和有彩色及无彩色之间却可以创造出别致的色彩。

一、光与色彩

随着科学的发展,现代物理学证实,色彩是光刺激眼睛再传到大脑的视觉中枢而产生的一种感觉。同样的光源下,不同物体大都显示着不同的色彩,而感受这些要通过我们正常的视知觉(例如色盲就无法像常人那样体验色彩)。所以,光源、物体及正常的视知觉是产生色彩的必要条件。

在光谱中,红色的波长是最长的,然后依次递减,紫色的波长最短。如果通过透镜将这些有色光汇集起来,它们就又恢复成原有的白光。

二、色彩概念

(一)原色

原色指自身不能由别的色混合而成,亦称第一次色,由红色、黄色和蓝色所组成,是色彩的基础,所有的色彩及色彩的各种变化,都是三原色不同比例组合的结果。

(二)间色

间色亦称第二次色,三原色两两相配,就生出了三间色,由橙色(红+黄)、绿色(黄+蓝)、紫色(红+蓝)三种颜色组成。

(三)复色

相邻的原色与间色混合又能生成新的色彩——复色,亦称第三次色,原色与复色、间色与复色再次混合又能生成新的色彩。N次的混合,就能生成N种色彩。三原色等量混合生成的是黑色,只有不等量混合才能生成其他新的色彩。

(四)补色

补色又称余色、对比色,是成双成对的两种颜色,指一种原色与另外两种原色混合的间色之间的关系。颜色间差别非常大,视觉效果很强烈、很富刺激性。在色相环中,处于对应位置的三原色和三间色构成了三对补色:红色与绿色互为补色,黄色与紫色互为补色,蓝色与橙色互为补色。补色等量混合就会生成黑色。

三、色彩三属性

人们在形容一种色彩时会把它描述为鲜艳的红色、柔和的蓝色、深绿色或浅黄色等。但是,仅仅依据这些形容词来找对应的色彩是很难准确把握的,色彩学家经过科学分析,发现任何一种色彩都具有色相、明度和纯度的差别,并把它们称为色彩的三个基本属性,是鉴别色彩的基础。

(一)色相

色彩的名字称作色相,如绿叶的色相就是绿色。

为了更方便地观察和了解色彩,色彩学专家又设计了专门的色相环,以清晰渐变的视觉秩序,引导人们正确地看待色彩。常见的是十二色相环,它们是红、红橙、橙、黄橙、黄、黄绿、绿、蓝绿、蓝、蓝紫、紫、红紫再到红,也就是把三原色、三间色及每一个间色的两个变化首尾相接地组合在一个环状之中。

除了三种原色外,其他任何一种颜色都是由相邻的两种颜色混合而成的;但在现实中,颜色多数是由三原色共同混合生成的。

(二)明度

明度表示色彩的明暗程度,又称亮度、深浅度。同一色相物体由于受光的强度不同,产生不同明暗层次。在色彩中,有彩色的黄色明度最高,紫色明度最低;无彩色的白色为明度的最高极限,黑色为明度的最低极限。在颜料中混入白色,明度就会提高;在颜料中混入黑色,明度就会降低。

(三)纯度

纯度也叫彩度、饱和度,描绘色彩中含"彩"的程度,指色彩的纯净程度,也可以指色相的饱和程度。凡具有色相感的有彩色都有一定的纯度,无彩色没有色相亦没有纯度。不同色相的纯色不仅明度不同,纯度也各不相同。其中,红色纯度最高,橙色、黄色纯度较高,蓝色、绿色纯度最低。任何一种标准的纯色一旦混合黑、白或灰色等无彩色,它的纯度就会降低。

四、色调

自然界中各种颜色除了无彩色外,给人的感觉都是明度与纯度综合作用的效果。自然界中光源、气候、季节以及环境的变迁,本来就存在着各种各样的色调,不同颜色的物体上必然笼罩着一定色相、明度的光源色,使各个固有色不同的物体表面都笼罩着统一的色彩倾向,这种统一的色彩就是自然中的色调。

PCCS 是 1964 年日本色彩研究所开发的以色彩调和为目的的色彩体系。它把色彩归类为 12 个色调:鲜艳色调(v)、明亮色调(b)、强烈色调(s)、深色调(dp)、浅色调(lt)、轻柔色调(sf)、浊色调(d)、暗色调(dk)、淡色调(p)、浅灰色色调(ltg)、灰色调(g)、暗灰色调(dkg),来综合表现某一相同色调给人带来的视觉感受和心理暗示。

PCCS 对色调的划分:根据每个色调的个性,将总体上清浅明亮的色调(淡、浅、明亮)划分为一组,称为明清色调;将深暗(暗灰、暗、深)的色调划分为一组,称为暗清色调;剩下的就是鲜艳的(鲜艳、强烈)和浑浊的(浅灰、轻柔、灰、浊)两组色调,分别称为纯色调和中间色调。

明清色调:看起来亲和、温柔、明朗、健康、清澈、活泼。

暗清色调:看起来威严、深沉、坚固、厚重、男性化。

纯色调:看起来健康、活泼、热闹、鲜艳、热情、强烈。

中间色调:看起来内敛、安定、素雅。

五、色彩的冷暖规律

根据人们的感觉,色彩可分为暖色和冷色两大类。色彩的冷暖感觉是物理、生活、心理及色彩本身综合决定的。

无彩色的白色是冷的,黑色则是暖的。所有的暖色都包含了 60%～100% 的黄色成分,而冷色则以蓝色为主色调。

通常人们认为红、橙、黄色系属于暖色,绿、蓝、紫色系属于冷色。但这不是绝对的,例如，朱红色和玫瑰红色看上去的冷暖感觉是完全不同的，每一个色相都存在不同冷暖倾向的色彩。红色中既有暖红色，也有冷红色，蓝色中既有冷蓝色，也有暖蓝色。

情境二　色彩生理学

一、色彩的视觉适应

(一)色彩的补偿

色彩的补偿，指先看了一种颜色后，再看另一种颜色，在视觉上因前色的影响，使后色起了变化。例如，当我们看了黑底上的红色图形再看白墙时，则白墙更白，红色图形看起来变成了青绿色图形；如果看了红色再看黄色，黄色看起来变成了黄绿色，因为其中混合了红色的补色——绿色。

(二)色彩的错觉

由于眼睛的生理构造特点，当人们观察颜色时，会发现有时感知到的颜色并非真实的客观显现，而是一些有趣的错觉。这种不一致的感觉是由色彩的对比导致的。色彩的错觉并非客观存在，它不是一种主观的意识，而是由人的生理结构决定的。比如在大红色的纸上写黑色的字，人们在看的时候会感觉红纸上的字稍有点发绿。

任何颜色都不可能单独存在，它们总是处在色彩的对比之中。只要色彩对比因素存在，错觉现象就必然发生。由于光的影响，物体的形状、大小、空间、色相、明度及纯度都会使人产生错觉，对比越强，错觉也越强。

(三)色彩的形状

西方的色彩学家认为，三原色中红、黄、蓝分别与正方形、三角形和圆形具有一致性、类似性和相近性，这些色以其基本形态表现时色彩的特征发挥得最明显。红色和正方形所显示的充实、大方、不透明性、稳定的扩张感是一致的；黄色和正三角形所显示的积极、锐利、进攻、扩张及电闪雷鸣的联想有一致性；蓝色最直接的联想就是天空和大海，有着飘忽不定、深不可测的性格，给人轻松、柔和和流动的感觉，正像形态中圆滑、动感的圆形。红色的正方形和黄色的三角形融合成为橙色的梯形；黄色的三角形和蓝色的圆形融合成为绿色的曲边三角形；蓝色的圆形和红色的正方形融合成为紫色的圆角方形。

二、色彩的听觉适应

人们往往将听到的声音或音乐通感(感觉相互作用的一种心理现象)展开联想和想象，综合地用形和色来表现，将人声用色的三要素来表现：声音的高低用明度来表示，高的声音具有明亮感，低的声音具有深沉感。纯度(彩度)依讲话的方式来变化，讲得清楚的声音是鲜明的，叽叽喳喳的说话声具有混浊感。

还可将各种乐器根据它们的材质、音质的不同，通过联想，确定它们的色彩形象。例如，强烈、鲜明的色彩表示尖锐的声调，深暗色系象征低沉的弦乐声调，明快的绿色似乎是乐曲在微风中传递，黄色系则仿佛吹奏起轻快的管乐，电子音乐感觉是无色透明的……这种感觉有时会因人们的心情、文化层次的不同而有一定的改变，但大体上人们的感觉仍具有一致性。

三、色彩的味觉适应

生活中，人们通过对各种食物的品尝，将自己的味觉和许多可食用食物的颜色对应联系起来。

有心理学家曾做过这样一个实验：把同样的咖啡分别倒入黄、绿、红三种不同颜色的杯子中，然后请人分别品尝，评价哪一杯味道好。结果，大多数人认为黄色杯子中的咖啡味淡，绿色杯子中的咖啡略带酸味，而红色杯子中的咖啡味浓、芳香可口。咖啡是一样的，只因为装盛它的杯子颜色不同，便给人造成了味道不同的假象。

(一) 酸

酸味使人联想起未成熟的果实，以绿色为主，黄色、橙黄色也能表达酸的感觉。

(二) 甜

明度和纯度高的暖色，如奶油色、粉红色、橙色及红色系列颜色具有甜味感。

(三) 苦

褐色、暗黄色、橄榄绿色等颜色具有苦味感。

(四) 咸

灰色、白色、浅蓝色、浅绿色等颜色具有咸味感。

(五) 辣

辣味使人联想到辣椒及刺激性的食品，以红色、黄色为主，其他如绿色、黄绿色、芥菜色、生姜色也具有辣味感。

(六) 涩

灰绿色、暗绿色等低纯度颜色具有涩味感。

四、色彩的嗅觉适应

(一) 香

黄绿色、浅紫色、橙色等类似香水或花卉的颜色以及高明度、高纯度的颜色具有香味感。例如，柠檬味——柠檬黄；薄荷味——绿色。

(二) 臭

暗的、不明朗及暧昧的色彩具有臭味感。例如，腐败味——褐色。

情境三　色彩心理学

色彩心理学家西泽巴说："色彩是大脑的一种特殊营养剂。"色彩作用于人的感官，刺激人的神经，进而在情绪、心理上产生影响。

由于人们的年龄、性别、经历、修养、性格和情绪及民族传统、宗教信仰、地区风俗和生活环境不同，他们对色彩的心理反应也不相同。但绝大多数人在色彩心理方面都存在着共同的感觉，可以说色彩对人的心理效应是共有的，也是客观存在的。

一、色彩的单纯性心理效应

不同色相、不同明度、不同纯度的色彩对比、调和,其面积、形态与色彩的结合可令人产生各种不同的感觉。

(一)色彩的情绪感

色彩的情绪感由色相、明度和纯度决定。一般来说,红、橙、黄色的纯色令人兴奋;绿、蓝、紫色的纯色令人沉静。即使还是这些颜色,随着纯度的降低,人的兴奋感和沉静感也会相应减弱。

大海的深蓝色会令人陶醉;充满阳光的蓝色天空使人有心旷神怡之感;而月光中的蓝色天空则给人孤寂、凄凉之感,容易引起深深的思乡之情。

明度高、纯度高的暖色有明快感,明度低、纯度低的冷色有忧郁感;白色有明快感,黑色有忧郁感,灰色则是中性的。

(二)色彩的温度感

冷暖本来是人的机体对外界温度高低的感受,但由于人对自然界客观事物的长期接触和生活经验的积累,当看到某些颜色时,就会在视觉与心理上产生一种下意识的联想,产生冷或暖的条件反射。当人们看到青、绿、蓝一类颜色时,常联想到冰、海洋、蓝天,产生寒冷的心理感受,因此通常把这类色界定为冷色;而当看到橙、红、黄一类颜色时,就会想到温暖的阳光、火、夏天,而产生温热的心理感受,故将这一类色称为暖色。如冬季的暖色内衣使人感觉温暖,夏季的冷色衣裙使人感觉凉爽。

(三)色彩的轻重感

色彩的轻重感由明度决定。面积、体积相同的物体,明度高的(浅色)感觉轻,明度低的(深色)感觉重;明度相同时,冷色感觉轻,暖色感觉重。

(四)色彩的状态感

色彩的状态感由明度和纯度决定。

1.固态感

明度高的颜色具有柔软的感觉,如浅灰色;明度低的颜色具有坚硬的感觉,如黑色。

2.液态感

冷绿色、青绿色等颜色具有液体的感觉。

3.浓乳液感

粉红色、乳白色等颜色具有浓乳液的感觉。

4.粉状物感

中黄色、土黄色、浅褐色等颜色具有粉状物的感觉。

(五)色彩的密度感

蓝色、绿色等冷色显得密度较小,具有湿润、透明的感觉;红色、橙色等暖色显得密度较大,具有稠密、不透明的感觉。

(六)色彩的质地感

明度高、纯度低的颜色给人以柔软、光滑的感觉;明度低、纯度高的颜色具有坚实感;

金色、银色闪闪发光,具有金属般的坚硬感。

(七)色彩的品质感

色彩的品质感受纯度的影响最大,与明度也有关系。纯度高、明度高的颜色有华丽感;纯度低、明度低的颜色则让人感到雅致和朴素。

(八)色彩的胀缩感

色彩的胀缩感是一种错觉,明度的不同是形成色彩胀缩感的主要因素。一般温暖、明亮的颜色有膨胀感,看似面积较大,所以明亮的室内空间比幽暗的空间更令人心情舒展;寒冷、深暗的颜色有收缩感,看似面积较小。运用色彩胀缩感的典型实例是法国三色旗的设计,其蓝、白、红三色的宽度比是30∶33∶37,三色虽不等分,但在视觉上却形成了感觉上的等分,这是一个很有说服力的例子。

(九)色彩的进退感

进退感是色相、明度、纯度、面积等多种对比造成的错觉现象。明度高的颜色、纯度高的颜色、暖色具有前进感;明度低的颜色、纯度低的颜色、冷色具有后退感。

但是色彩的前进与后退不能一概而论,色彩的前进、后退与背景色密切相关。如在白背景前,属暖色的黄色给人后退感,属冷色的蓝色却给人向前扩展的感觉。

(十)色彩的快慢感

科学家的实验和艺术家的创作实践表明,人们通常对于各种颜色的敏感性是红色最快,绿色、黄色次之,白色最慢。红色易造成紧张、危险的心理,所以作为停止信号最合适;黄色是明亮而引人注目的,所以作为注意信号最合适;绿色给人以和平、可靠、安全的心理,所以作为通行信号最合适。

(十一)色彩的季节感

1.春天

春天具有朝气、生命的特性,描绘春天一般使用各种明度高和纯度高的颜色,以黄绿色为典型。

2.夏天

夏天具有阳光、强烈的特性,描绘夏天一般使用纯度高的颜色,相互之间形成对比,以纯度高的绿色、明度高的黄色和红色为典型。

3.秋天

秋天具有成熟、萧索的特性,描绘秋天一般使用纯度低的黄色及暗色调。

4.冬天

冬天具有冰冻、寒冷的特性,描绘冬天一般使用明度高的蓝色、白色等。

(十二)色彩的性别感

1.男性

刚毅、冷静、硬朗、沉稳、阳刚是男性的特征。代表男性的色彩偏冷色,色调稳重,明度较低,纯度偏中,对比强。

2.女性

柔和、温顺、雅致、明亮是女性的特征。以红色为中心的暖色，尤其是紫色，非常能体现女性魅力。代表女性的色彩色调柔和，明度高，纯度偏高，对比弱。

二、色彩的间接性心理效应

色彩的象征在世界范围内是有共性的，但也存在着很大的民族差异。

(一)红色

1.具体联想

鲜血、草莓、辣椒、西红柿、红灯笼、红宝石……

2.抽象情感

热情、喜庆、兴奋、热闹、革命、温暖、幸福、吉祥、危险、烦躁、恐怖、愤怒、疯狂……

红色是让人感到火热、激情和能量的颜色。同是红色，灯笼的红色表示喜庆，信号灯、消防车的红色则分别表示停止、危险。红色在工作上表示蓄势待发，使人渴望新鲜感与刺激，是最具生气的、最为强烈的颜色，也是最能让人时间观念模糊的颜色。例如，在红色环境里，即使时间很短，人们在心理上也能获得充分停留的满足感，酒吧及一些连锁快餐店特别喜欢大量使用红色正是基于这一色彩心理学的运用。

(二)橙色

1.具体联想

橘子、灯光、秋叶、胡萝卜……

2.抽象情感

温暖、饱满、光明、愉悦、辉煌、华丽、贵重、丰收、果实、嫉妒……

橙色表现出热爱生活及青春，是生命能量的颜色，也是暖色系的代表颜色，同样也是代表健康的颜色，它含有成熟与幸福之意。橙色明度高，在工业安全用色中，橙色即是警戒色，如火车头、登山服装、背包、救生衣等。在工厂的机器上涂橙色要比灰色或黑色更能提高生产效率，降低事故发生率。

(三)黄色

1.具体联想

柠檬、黄金、沙滩、稻田、向日葵、枯叶……

2.抽象情感

明亮、灿烂、轻快、希望、年轻、活泼、软弱、酸涩、病态、颓废……

黄色是暖色之王，它有双重功能：一方面，黄色对健康者有稳定情绪、增进食欲的作用，很多幼儿园和厨房的墙壁往往被粉刷成黄色；另一方面，黄色会加重情绪压抑者、悲观失望者的不良情绪。黄色是最醒目的颜色，因此适合作为危险警告标志。黄色是一种鼓舞人的颜色，将没有窗户的厂房墙壁涂成黄色，可以消除或减轻单调的劳动给工人带来的苦闷情绪。

(四)粉红色

1.具体联想

鲜花、糖果、甜点、薄纱……

2.抽象情感

可爱、浪漫、温馨、娇嫩、青春、明快、恋爱、女性化、富有幻想……

粉红色优雅、温和,具有惊人的亲和力。经实验证明,让发怒的人观看粉红色,情绪会很快冷静下来,因粉红色能使人的肾上腺素分泌减少,从而使情绪趋于稳定。孤独症患者、精神压抑者可以多接触粉红色。

(五)绿色

1.具体联想

草原、森林、蔬菜、青山……

2.抽象情感

自然、活力、希望、稳定、和平、健康、清新、成长……

绿色是大自然草木的颜色,是一种令人感到安稳和舒适的颜色。绿色可以提高人的听觉感受,有利于注意力的集中,提高工作效率。但长时间在绿色环境中,易使人感到冷清,影响胃液的分泌,令食欲减退。若是在精神病院里大面积使用单调的深绿色,容易引起精神病人的幻觉和妄想。

(六)蓝色

1.具体联想

天空、海洋、蓝墨水……

2.抽象情感

平静、科技、理智、速度、诚实、真实、可信……

蓝色给人最直接的联想是清澈深邃的天空和波澜壮阔的海洋。蓝色是国际通用色,如蓝白条纹的海魂衫,世界各国都很常见。蓝色与红色形成强烈对比,有助抚平一个人的紧张情绪。戴蓝色眼镜旅行,可以减轻晕车、晕船的症状。但患有神经衰弱、抑郁症的人接触蓝色可能会使病情加重。

(七)紫色

1.具体联想

葡萄、紫罗兰、紫丁香……

2.抽象情感

高贵、奢华、优雅、神秘、梦幻、细腻、不安定……

在远古的时代,紫色是非常难得到的。中国、日本、希腊等国都曾把紫色作为高等级的服饰色,古希腊曾将紫色作为国王的服装色。

(八)黑色

1.具体联想

庄重、严肃、稳定、刚正、暗沉、恐怖、死亡、地狱……

2.抽象情感

黑色的代表意义有时是负面的,但有时也给人以高格调的感觉。它令美的更美,丑的更丑,是两极化的颜色。黑色具有千古不变的魅力,世界上很多国家、地区都大量地使用黑色。黑色的礼服展示出温文尔雅的风范和高贵的气质。黑色也有不幸和悲伤的寓意,如现代丧服多为黑色。黑色适应性强,能与任何色彩协调组合。

(九)白色

1.具体联想

白雪、云彩、白纸、羽毛、白天鹅……

2.抽象情感

纯洁、高尚、纯粹、清净、空白、整洁、诚信、恐怖、丧气、投降……

白色明度最高,是一种非常醒目的颜色。在我国各民族中,有许多民族崇尚白色,如蒙古族、朝鲜族、白族等。医院的洁白给人以环境清新之感,白色婚纱显示的是纯洁无瑕。白色能反射全部的可见光,具有洁净和膨胀感。空间较小时,白色对易动怒的人可起调节作用,这样有助于保持血压正常。但孤独症、抑郁症的患者则不宜在白色环境中久住。

情境四 个人色彩定位

一、嗜好色

在各种颜色中,有人独爱几种颜色,并将它们作为自己在选择服饰、家居等用品时的首选颜色,这便是每个人的"嗜好色"。色彩嗜好不仅受国家、地区、民族的影响,还受兴趣、年龄、性格及知识层次等差别的制约。同时,色彩嗜好还有很强的时间属性,在一定的时期内会形成某一种流行色。人生活在感情的世界里,对色彩的嗜好也跟性情有关,内向的人多喜欢传统的、含蓄的颜色,外向的人则多喜欢活泼的、跳跃的颜色。

那么,自己的嗜好色是否适合作为自我的外在形象的包装色呢?仅从色彩的角度看,你喜欢的颜色不一定适合你。每个人的肤色都有一个基调,有的颜色与某些基调十分合衬,有的却会受到影响,变得暗淡无光。恰当地选择适合自己的颜色,要从专业的色彩诊断开始,根据肤色、毛发及眼睛等发现你的底色。

二、适合色

每个人都受自身的人体色特征的影响,拥有适合自己的色彩群。在选择服饰、办公设备及家具等时,选择适合自己的颜色,会使你看上去拥有一种自然和谐的个性魅力。有的人很幸运,喜爱的颜色恰好适合自己;而有的人却相反,喜爱的颜色不适合自己。

三、人体的色彩构成

正如世界上绝不会存在两片相同的叶子一样,世上也没有相同的人,人体皮肤颜色主要由三种生物色素构成：胡萝卜素、血红色素、黑色素，这三种生物色素不同的组成比例就形成了不同的体色特征。胡萝卜素和血红色素决定了一个人肤色的冷暖，而肤色的深浅明暗则是黑色素在发生作用。眼球色、毛发色等身体色特征也都是因体内的这三种色素的组合而呈现出来的结果。这些微妙的差别，决定了人们穿戴某些颜色的服饰好看，而穿戴某些颜色的服饰则效果不佳。

最早提出"适合自己色彩"这一理论的是德国画家、色彩学者约翰·内斯依顿。

1974年美国色彩大师卡洛尔·杰克逊女士创办CMB(Colour Me Beautiful)公司，她用了近10年的时间，进行了4万多次的色彩测试与色彩排序研究，提出了"色彩季节理论"，其重要内容就是把生活中的常用色按照基调的不同，进行冷暖划分和明度、纯度划分，进而形成四大组和谐关系的色彩群。由于每一组色彩群的色彩刚好与大自然四季的色彩特征相吻合，因此，就把这四组色彩群分别命名为暖色系的"春""秋"和冷色系的"夏""冬"，每一季节都有属于各自的色彩群。这些色彩都能够与人的皮肤、毛发和眼睛等人体色特征联系起来，从而找到协调搭配的对应元素，并用适合的颜色来装扮个人形象及所处的环境，从而使人的整体形象看上去和谐而富有魅力。

1983年，美国玛丽·斯普兰妮女士引用"色彩季节理论"和风靡欧洲的"款式风格理论"，创建了世界上第一家女性形象咨询中心，主要为女性提供形象咨询和心理咨询服务，令美国数以百万的妇女的自我评估和消费方式发生了巨大的改变。

1984年，日本的佐藤泰子女士将CMB体系带入了日本，创建出适合日本人服饰特点的"色彩季节理论"。该理论在1998年由于西蔓女士引入中国，为国人的个人形象和穿着打扮带来了一股新风潮。

(一)肤色的分析

肤色同服饰色一样，我们同样需要研究肤色的冷暖倾向和色调问题。

1.肤色的冷暖基调

中国人肤色的色相，集中在介于黄色相和红色相之间的橙色相区域。每一种特定的肤色色相在橙色相中变化，会呈现出不同的肤色特征，或者偏黄一些，如棕色、暗驼色、象牙色等，或者偏红一些，如粉红色、棕红色等。

肤色按冷暖分为冷基调肤色、暖基调肤色、介于冷基调肤色和暖基调肤色之间冷暖倾向不明显的中性肤色。

2.肤色的色调

肤色的色调由明度和纯度综合作用形成。人们常说"那个人皮肤真白""这个人皮肤真黑"，或者说某人的肤色深浅程度，指的是肤色的明度；肤色的纯度指的是肤色的饱和度。

(二)人体色特征划分

1.春季色彩倾向的人

(1)肤色：肤色为浅象牙色或粉色，肤质细腻，具有透明感。脸上呈现珊瑚粉色、桃粉色的红晕。

(2)毛发：毛发呈柔和的黄色、浅棕色或明亮的茶色。

人体色特征划分

(3)眼睛:眼珠呈明亮的茶色、黄玉色或琥珀色,眼白呈湖蓝色,瞳孔呈棕色,眼神灵活。

2.夏季色彩倾向的人

(1)肤色:肤色为柔和的米色、小麦色或褐色。脸上呈现玫瑰粉的红晕,容易被晒黑。

(2)毛发:毛发呈柔和的深棕色、褐色或柔软的黑色。

(3)眼睛:眼珠呈深棕色或玫瑰棕色,眼神柔和。

3.秋季色彩倾向的人

(1)肤色:肤色为匀整而瓷器般的象牙色、褐色、土褐色或金棕色,脸上很少有红晕。

(2)毛发:毛发呈褐色、深棕色、金色或发黑的棕色。

(3)眼睛:眼珠呈浅琥珀色或深褐色,眼神沉稳。

4.冬季色彩倾向的人

(1)肤色:肤色为偏白或偏青底调,有光泽,颜色范围为从很浅的青白色到暗褐色,脸上一般没有红晕。

(2)毛发:毛发发质较硬,光泽感好,呈黑色、带红基色的黑褐色或深灰色。

(3)眼睛:眼睛黑白对比分明,眼珠呈黑色、深棕色、黑褐色或灰色,眼白呈冷白色,瞳孔呈深褐色或黑色,眼神锐利。

(三)人体色特征用色规律

1.春季色彩倾向的人

(1)色调联想

生机、活跃、萌动、青春、阳光、明媚、热情、粉嫩、明亮、鲜艳、俏丽、万物复苏、百花待放、充满生命力。

(2)性格特征

①积极的方面:思维活跃、有朝气、充满活力、灵活。

②消极的方面:不切实际、急躁、张扬、善变、不踏实。

(3)用色范围

清澈、鲜艳、亮丽、透明的、带黄调的暖色群象征着春天的清新和朝气,春季色彩倾向的人在轻快、明丽的服饰色彩的映衬下,会显得神采奕奕。

2.夏季色彩倾向的人

(1)色调联想

淡雅、清凉、冷静、清新、柔和、知性。

(2)性格特征

①积极的方面:温柔、亲切、安静。

②消极的方面:缺乏个性、矜持、压抑。

(3)用色范围

在色彩搭配上,最好避免反差大的色调,适合在同一色相里进行深浅搭配,或者在蓝灰、蓝绿、蓝紫等相邻色相里进行深浅搭配。夏季色彩倾向的人非常适合蓝色系,如大衣、套装等可选择深蓝色,衬衫、T恤衫、运动装或首饰等可选择浅蓝色。夏季色彩倾向的人不太适合藏蓝色。

3.秋季色彩倾向的人

(1)色调联想

华丽、成熟、端庄、温暖、沉稳、浓郁、浑厚。

(2)性格特征

①积极的方面:成熟、稳重、健康、乐观。

②消极的方面:不够活跃、死板。

(3)用色范围

秋季色彩倾向的人适合的色系是大自然秋季的颜色,如深秋的枫叶色、树木的老绿色、泥土的各种棕色,以及田野上收割在即的成熟庄稼的色调,即棕色、金色、苔绿色、橙色等。越浑厚的颜色越能衬托秋季色彩倾向的人陶瓷般的皮肤,这些深色宜采用同一色系的深浅搭配。也可以在相邻色系里采用对比搭配,来体现其独特的一面。

4.冬季色彩倾向的人

(1)色调联想

灿烂、醒目、饱满。

(2)性格特征

①积极的方面:坚强、果断、直率、自信。

②消极的方面:缺乏温柔和亲切感,有距离感。

(3)用色范围

冬季色彩倾向的人适合冷色系,适合穿着以冷峻为基调的颜色,也适合纯正、鲜艳、有光泽感的颜色,要避免轻柔的颜色。

(四)个人色彩属性与其他因素的关系

1.年龄因素

对于25岁以下皮肤状态特别好的人来说,除最佳色彩群以外,本人的嗜好色和流行色都有一定的适用度;而对于年长的人来说,皮肤状态会因生理和环境等因素发生很多变化,失去光泽感和滋润感,这时如果大量使用不适合的颜色会使皮肤问题凸显,全身的协调效果也会变差,因此建议使用最佳色彩群。

2.性格因素

每个人受家庭背景、教育程度、社会环境等影响,成年以后会形成相对固定的性格。性格外向、理性、严谨的人适合使用对比搭配;性格内向、温和的人适合使用渐变搭配。

3.其他装饰手段因素

如果想驾驭原本并不适合的颜色,需要通过粉底或修颜液将肤色全部调整至与想要驾驭的颜色基调一致的肤色,再通过妆容和发色的调整,使之与准备选用的颜色相协调。

4.社会角色因素

职业人在社会中扮演着非常重要的角色,如政府官员、高层管理者以及一些特殊行业从业人员,他们的共同特点是需要符合这个社会角色所赋予的形象定位。比如一位做高层管理的女士经过色彩诊断是春季型,选色应以带来理性、简练、大气的视觉感受为依据。

5.地域因素

对于居住在炎热地区的人来讲,色彩的明度和纯度都要相应地向高调整;反之,居住在寒冷地区的人应适当地穿深色,色彩的明度相应地向低调整。

【情境演练】

1.本模块有大量的彩色图片演示,需在多媒体教室采用PPT授课。

2.教师需准备一些道具,辅助PPT进一步说明授课内容。

3.教师选取代表四季色彩倾向的布,分别搭在身上演示,让学生判断季节色彩倾向。然后再找四名分别具备典型的春、夏、秋、冬季节色彩倾向的学生做色彩演示,每名学生将代表不同于自身季节色彩倾向的布搭在身上演示。经过实操,对比代表不同季节色彩的布对个人形象视觉效果的影响,明晰个人色彩定位的意义。

【情境拓展】

测试自己肤色的冷暖基调

测试题:

1.你的肤色(　　)。

A.基调是有点发黄色的驼色

B.基调是有点发青色的驼色

2.你的瞳孔颜色是(　　)。

A.亮茶色或发绿的茶色

B.纯黑色或焦茶色

3.你的白眼球颜色是(　　)。

A.象牙白或泛黄的米色

B.纯白色或泛蓝的灰白色

4.你的头发颜色是(　　)。

A.暗棕色或亮茶色

B.乌黑色或较柔和的黑色

5.你的脸色是( )。

A.发橙的红色

B.发粉的红色

6.你认为哪类口红颜色更适合你?( )

A.砖红色或桃红色

B.酒红色或浅粉色

7.哪种毛衣颜色让你的肤色看起来更健康?( )。

A.苔绿色或亮黄绿色

B.正蓝色或浅蓝色

结果分析:

1.选 A 在 4 个或以上:属于暖(黄色)基调,即暖色调。

2.选 B 在 4 个或以上:属于冷(蓝色)基调,即冷色调。

模块三 职业服饰装扮

引 例

《后汉书·本纪·光武帝纪》记载了刘秀带领军队进入洛阳的故事：

西汉最后一位皇帝更始帝刘玄准备迁都洛阳，他派遣代理司隶校尉刘秀先到洛阳修建宫殿官府。刘秀设置下属官吏，用正式公文通知地方官府，处理政事完全按照西汉旧制。

到洛阳迎接更始帝的将领们都只用巾帕包头，并不戴冠帽，又穿着短衣，看上去像妇女的装束，于是遭到了当地人的耻笑。而刘秀带领的僚属都遵守旧时制度，穿戴整齐，令夹道相迎的人们欢喜不已，还有老吏当时就垂泪叹息道："想不到经历混乱之后，还能见到汉家官属的威仪啊。"从此以后，有见识的人都归心于刘秀。

衣服是一种言语，随身带着的一种袖珍戏剧。

——作家张爱玲

服饰是一种文化，它反映了一个民族的文化水平和物质文明发展的程度。服饰具有极强的表现功能，在社交活动中，人们可以通过服饰来判断一个人的身份、地位和涵养。服饰是人类内在美和外在美的统一，通过服饰人们可以展示内心对美的追求，体现自我的审美感受。塑造一个真正美的自我，首先要掌握服饰装扮的原则和技巧，让和谐、得体的穿着来展示自己的才华和美学修养。

西方有句俗语：你就是你所穿的（You are what you wear）！一个人给他人留下第一印象的93%是由服装、外表修饰和非语言的信息组成的。

服饰依附于人体，直接参与社会互动行为，是人格的外化。服饰符号具有社会可见性的特性，使人们有意识或无意识地利用服饰向他人展示另一个"自我"。

1981年，美国服饰心理学家玛里琳·霍恩在所著的《服饰：人的第二皮肤》中首次提出服饰是人的"第二皮肤"的概念，这个新生词汇由此成为服饰的第二名称。

18世纪法国美学家狄德罗说："美是关系。"服装的美，离不开社会关系这个总的尺度。个人作为团队的一部分，不仅在工作风格和沟通上要融入团队，服饰装扮也应与自己所扮演的社会角色和所从事的社会活动相称，与周围的整体形象协调。

情境一　职业服饰装扮的原则

专业的职业形象设计,首先要在服饰上尽量穿得像这个行业的成功人士,宁可保守也不能过于前卫、时尚。另外,最好事先了解该行业和企业的文化氛围,把握好特有的办公室色彩,注意衣服的整洁,特别要注意尺码是否适合。

TPO是英文里时间(Time)、地点(Place)及目的(Object)三个单词的缩写,TPO原则是目前国际上公认的服饰装扮原则。

一、T(Time)原则

T原则表示服饰装扮要注意时间,通常指年代、季节和一日的各段时间,即所谓的流行感、时代感。如白天在办公场所工作时,女士应穿着正式的套装,以体现专业性;出席晚宴就需多加一些修饰,如穿礼服、高跟鞋,戴上有光泽的佩饰,围一条漂亮的丝巾,等等。服饰的选择还要适合季节气候特点,保持与潮流大势同步。

二、P(Place)原则

P原则表示服饰装扮要适合场合与环境。就空间而言,即使在同一时间,服饰装扮也要根据环境的变化而变化,如与顾客会谈、参加正式会议等,衣着应庄重考究;听音乐会或看芭蕾舞,则应按惯例着正装;出席正式宴会时,则可穿中国的传统旗袍或西式的长裙晚礼服;而在与朋友聚会、郊游等场合,着装宜轻便舒适。如果着便装出席正式宴会,不但对宴会主人不尊重,也会令自己尴尬。

三、O(Object)原则

O原则包括目标、对象等因素。服饰装扮要考虑目的,一般来说,穿什么衣服、怎样打扮都要为目的而服务。如果是去单位拜访,穿职业套装显得专业;外出时要顾及当地的传统和风俗习惯,若去教堂或寺庙等场所,则不能穿过于暴露或过短的服装。

情境二　职业服饰装扮的技巧

一、服装色彩搭配的基本原则

(一)同种色搭配原则

同种色搭配原则是指把同一色相、色彩明度相近的颜色进行搭配,如浅灰色与深灰色搭配、浅绿色与深绿色搭配等,让服装产生色彩上的和谐感和自然美。

(二)邻近色搭配原则

邻近色搭配原则是指把色谱相近的颜色进行搭配,比如绿色与蓝色、黄色与橙色等,邻近色搭配时尽量把纯度与明度进行区分,比如使用浅绿色与深蓝色、浅黄色与中橙色,能够起到色彩调和效果,有明显的衬托作用。

(三)主色调搭配原则

主色调搭配原则是指一种主色调为服装色彩的基础色,配合以其他几种次要颜色,使服装色彩看上去主次分明,但要注意颜色尽量控制在三种以内。

(四)对比法搭配原则

对比法搭配原则是指将色差较大的颜色进行搭配,如黑色与白色、红色与绿色、橙色与蓝色、紫色与黄色进行搭配,并借助明度差、纯度差对比搭配,使对抗的颜色相互依存,产生强烈的视觉冲击力。

二、职业女性服饰装扮的技巧

(一)不同体型的装扮技巧

女性大致有五种体型,沙漏型(X型)、直筒型(H型)、梨型(A型)、倒三角型(T型)、苹果型(O型)。

1.沙漏型(X型)

肩部和臀部宽度一样,胸部丰满,腰部细,曲线明显。着装宜打造腰线,放大优势。上装可选择修身的款式,腰部可搭配丝巾或腰带;裤子可选择显腿长的,如小脚裤、阔腿裤,或紧身连衣裙、长款包臀裙。

2.直筒型(H型)

肩部、腰部和臀部几乎等宽,腰线不突出。着装宜选择立体有膨胀感的上装,膨胀感的面料在视觉上可拉长上身的宽度,看上去呈现倒三角形,有曲线效果。有褶皱感的面料更能使上装看上去充满立体感。收腰款式可使身体线条的垂直感减弱,变得柔和。

3.梨型(A型)

肩部窄,腰部偏细,臀部宽,大腿粗,下身丰满。着装宜强化肩宽,弱化臀部。可选择款式简单,色彩明亮、鲜艳,有膨胀感的上装,制造体型上下匀称之感,如胸部有褶皱或领部有荷叶边的设计;下身可选择线条柔和、质地厚薄均匀、色彩偏深且纯度高的长裙,或偏暗的纯色裤子。

4.倒三角型(T型)

肩部宽,臀部窄,上身显壮。着装宜弱化上身,强调下身。肩部设计越简单越好,尽量避免有修饰,可选择无肩缝袖、连肩袖的上装;可通过宽松的廓形或装饰物将他人的视线转移到下身,如哈伦裤、阔腿裤、蓬蓬裙、灯笼裙及花苞裙等。上装宜选纯色,裤子或裙子宜选花色;或上装选深色,下装选亮色来互补。

5.苹果型(O型)

胸部、腹部、肩部和臀部都比较丰满,腰围比胸围和肩围都大。着装款式宜简洁明了,不宜选择会把腰露出来的短款衬衫和低腰裤,或在腹部区域有花式图案的外套。可选择V领、低胸领的上装,或A字裙来突出胸部优势,拉长身材比例。也可穿彩色内搭,再穿上暗色外套。

(二)不同身材的装扮技巧

1.高而瘦

色彩鲜明的印花、格子布料有减低身高的效果,横条纹的服装会使身材显得较丰满。不宜穿深色的服装。

2. 高而胖

面料色调尽量简洁、清雅,竖条纹的服装会使身材显得苗条一些,宜将上衣放到裤子或裙子外面。不宜穿紧身的服装。

3. 矮小

宜穿与上装同色、竖条纹的裤子或裙子,单一色彩的服装可以提升身高的视觉效果。不宜穿大花布或格子衣料的服装。

4. 颈短

宜穿敞领、翻领或低领的上装。

5. 肩窄

宜穿宽松的泡泡袖上装,加垫肩、肩章形的饰物,领口为方形或一字形。不宜穿无肩缝、V形领的上装。

6. 肩宽

上装的款式应简洁明快,胸部不宜有大花图案。

7. 臀宽

宜穿宽松或在上部打褶的裤子,或打细碎褶的裙子,搭配宽松的夹克衫。不宜穿包身的裤子或瘦长的裙子。

8. 腿短

宜穿短的、高腰的上装;不宜穿特别长的上装和长裙。

(三)不同场合的装扮技巧

1. 公务场合

在公务场合,服饰装扮应成熟优雅、含蓄低调,可穿深色毛料的套装、套裙或制服。职业女性装扮的最高境界是稳重、保守中透出一丝时尚的淑女气息。黑白配是色彩上的经典组合,鞋和袜子的色彩应与服装统一。

2. 社交场合

社交场合通常指在公务活动之外,在公共场所与他人进行交际应酬活动的场合。如观看演出、出席宴会、参加舞会、登门拜访及参加联谊聚会等。在社交场合,服饰装扮应突出"时尚个性"的风格,既不必过于保守从众,也不宜太随便。

(四)服饰配件的装扮技巧

服饰配件是指除服装、鞋之外,所有附加在人体上的装饰的总称。人们常说的"穿戴",就是指穿衣服、鞋和戴配件。服饰配件能完善和加强服装的效果,弥补服装的缺陷,有时甚至能起到比服装自身效果更强的烘托作用。服饰配件还具有强大的实用功能和身份识别功能,是服装在各种场合不可或缺的辅助用品。它们有的是服装造型的主要手段;有的画龙点睛,强调装饰;有的与服装主体相连,是服装的延伸;有的与服装主体相分离,运用自如。

1. 首饰

(1)要注意场合

在交际应酬时,佩戴首饰是比较合适的;处理公务时最好不戴或少戴首饰;正式场合可以不戴首饰,若戴则应选质地和做工俱佳的。全身佩戴首饰不宜超过三件。

(2)要与服饰相协调

一般穿考究的衣服时才佩戴昂贵的首饰;穿运动装、工作服时不宜戴首饰;戴眼镜时不宜戴耳环,可选择耳钉。

(3)要注意寓意和习惯

应根据身材和个性特点来选择项链的质地、款式和色彩,短链子有缩短颈项的效果,长链子则可使颈项看起来比较修长。戒指一般用来当作爱情信物,可表明婚姻状况:戴在食指表示无偶求爱,戴在中指表示已在恋爱中,戴在无名指表示已婚,戴在小指表示自己是一个独身主义者。手镯或手链的戴法因各民族的习惯不同而有所区别,中国人习惯将手镯或手链戴在右手上,而一些西方人则习惯戴在左手上。佩戴手镯或手链时可不用佩戴手表。

2.帽子

(1)帽子与脸形的搭配

①瓜子形脸。适合戴各种帽子,只是帽子深度要适中,以露出脸的1/3左右为宜。

②方形脸。帽子造型要按比例高一些,脸部露出3/4为宜,适合八角帽、牛仔帽、卷边帽及礼帽等。

③圆形脸。宜戴方形、尖形或多边形的帽子,如贝雷帽、鸭舌帽、军帽及骑士帽等。

④长形脸。帽子不宜过高,脸部以露出2/3为宜,适合渔夫帽、大檐帽等。

⑤菱形脸。宜选使脸部线条变得圆润的圆形帽,不宜选择鸭舌帽。

(2)帽子与肤色的搭配

①红润。可以与很多色彩协调,但不宜戴鲜艳的红色帽子。

②暗黄。宜戴深棕色、米灰色等颜色的帽子,不宜戴黄色、绿色的帽子。

③黝黑。在选择颜色鲜艳的帽子时,要根据服装的颜色来搭配,注重着装的整体效果。

④白皙。适宜的帽子颜色比较多,但不宜戴白色帽子。

(3)帽子与服装的搭配

①服装色彩。帽子位于整体服饰的最高处,其色彩呈现的效果会被放大。戴与服装同色或与主色调相近的帽子,会增强服装的整体感;戴与服装色彩形成强烈对比的帽子,给人以活泼矫健之感。

②西装、风衣、毛呢大衣。宜戴礼帽或羊毛帽。

③运动服。宜戴棒球帽或空顶帽。

3.围巾

正式场合使用的围巾要庄重、大方,色彩要兼顾个人爱好、整体风格和流行时尚,宜选单色或典雅、庄重的图案。

(1)围巾与肤色的搭配

肤色较黑的人宜配饱和度较低、偏深的中性色围巾,肤色较白的人宜配柔和色调的围巾。

(2)围巾与服装色彩的搭配

①单色服装。宜配单色围巾,可采用同色系对比、不同色系对比或相同颜色、不同材质的搭配方式。

②服装有图案。花色围巾上至少要有一种色彩与服装的色彩相同。无方向性图案的围巾宜配线条简单、条纹或格子图案的服装。有方向性图案的围巾避免与有方向性图案的服装同方向,且避免与服装的图案重复出现。单色围巾宜选服装上最明显的一种颜色或该颜色的对比色为围巾色。

(3)围巾与脸形的搭配

①圆形脸。宜将围巾下垂的部分尽量拉长,强调纵向感。避免在颈部重叠围系、过分横向以及层次质感太强的花结。

②方形脸。尽量做到颈部周围干净利索,并在胸前打出些层次感强的花结,再配以线条简洁的上装,演绎出高贵的气质。

③倒三角形脸。宜繁复的系结款式,并注重花结的横向层次感。要减少围巾围绕的次数,且避免围系得太紧。

④长形脸。宜左右展开的横向系法,尽量让围巾自然地下垂。避免围系得太紧。

(4)围巾与身材的搭配

①矮胖、胸围较大。宜选图案简单、颜色较深、色调单一的宽松类针织围巾或丝绸围巾。

②身材瘦小。宜选图案款式简洁、素淡雅致的围巾,但色彩宜采用暖色调。

③凹胸、胸围较小。宜选提花式样,质地柔软、蓬松,给人丰厚感的围巾。

④肩窄、溜肩。宜选加长型围巾,将围巾两端斜搭在肩部向身后垂挂,使肩部显得宽厚。

⑤脖颈较长。宜选宽松绕脖的围巾,色彩要和上装相近。

4.胸花、胸针

(1)胸花

胸花又称襟花,适合较正式的场合,如宴会、招待会及开业典礼等活动。胸花有鲜花和人造花两种,常戴在左胸部位。以简单、小而精致为原则,宜与服饰的整体色调相协调。花梗不宜过长,垂直向下对准鞋子的位置别好即可。

(2)胸针

①胸针的主要佩戴方式

胸针主要有两种佩戴方式,即传统的经典佩戴方式和活泼的时尚佩戴方式。经典佩戴方式适用于年长女性在严肃、正式场合,宜戴于左上胸或旗袍的领子上;时尚佩戴方式适用于年轻女性在轻松社交场合,没有固定形式,以凸显个人魅力为宜。

②胸针风格与场合的搭配

在严肃的政务、商务场所着严肃的正装时,胸针宜用动物、植物及抽象几何形等经典风格;在轻松的晚宴、聚会等社交场所,着晚礼服时,佩戴的胸针既可是上述风格,亦可是较夸张和轻松的风格。

5.眼镜

(1)眼镜架与脸形的搭配

①方形脸。宜戴高度较低、圆形或略带曲线的眼镜架。

②圆形脸。宜戴椭圆形或棱角较分明的眼镜架。

③菱形脸。宜戴流线型眼镜架,使脸部线条显得柔和。

④三角形脸。宜戴细边、垂直线或底边较宽的眼镜架。

⑤倒三角形脸。宜戴圆形、长方形的眼镜架。

⑥长脸。宜戴宽边、深色和高度较高的眼镜架,强烈的横向切割在视觉上会有缩短脸部长度的效果。

⑦短脸。宜戴细边、透明及金丝边的眼镜架。

(2)眼镜架与肤色的搭配

①肤色偏白。宜戴柔和的粉色系、紫色、黑色、黄色及金银色的眼镜架。

②肤色偏黄。宜戴以粉红色、咖啡色、白色及银色等浅亮颜色为主的眼镜架。

③肤色偏红。宜戴灰色、浅绿色和蓝色的眼镜架。

④肤色偏黑。宜戴暖色调的眼镜架。

6.鞋袜

(1)鞋

黑色的真皮皮鞋是百搭的,也可以多配几双不同颜色的皮鞋与服装的颜色相配。尖鞋头使脚显得纤巧,圆鞋头使脚显得丰满。腿粗的人宜穿粗跟的鞋,腿细的人宜穿细跟的鞋,X型腿或O型腿的人宜配高跟鞋。

(2)袜

①穿着裤装。浅色服装宜配浅色袜,深色服装宜配深色袜。浅色袜使腿型显得丰满,深色袜使腿型显得修长。

②穿着裙装。宜配连裤高筒袜,肉色和黑色高筒袜是常用色。浅色裙装宜配肉色高筒袜,深色裙装宜配黑色高筒袜。

三、职业男性服饰装扮的技巧

(一)西装的装扮技巧

1.西装的款式

(1)英款

早在18世纪中期,正如巴黎是女装中心一样,伦敦也被时装界推崇为男装中心。英式流派的西装有垫肩但不夸张,掐腰,双开气,通常为三个兜并有兜盖,领型简单,一般为四个扣或六个扣,色彩随意,剪裁讲究,贴身剪裁,显示出一种绅士风度。

(2)欧款

欧款西装讲究端庄的造型。垫肩比较夸张,大翻领,不强调腰部,不开气(坐下前先解开扣),上衣偏长,裤子为卷边形。此款适合身材高大的人穿着。

(3)改良欧款

改良欧款西装的垫肩适中,单排扣的中线开气,领型简单,口袋为无兜盖的开缝型,此款介于英款与欧款之间,既不像英款那么传统、包身,也不像欧款那样夸张、宽松,对身材要求不高,适合范围广。

(4)美国款

美国款西装造型风格轻松、自然,线条流畅,追求自然肩型,没有垫肩,翻领大,稍有掐腰,兜带盖,后中线单开气。此款穿着比较舒适,便于人体动作,但不宜在商务场合穿着。

2.西装的色彩

正式场合,宜穿黑色或深灰色西装;商务场合,宜穿蓝色、灰色及藏青色西装。肤色偏黄的人,宜穿深蓝、深灰等颜色的西装;肤色较暗的人,宜穿浅色和中性色调西装。

3.西装的装扮

(1)上装

①纽扣。单排扣西服有两粒纽扣的,系第一粒表示郑重,有三粒纽扣的只系中间一粒或上面两粒表示郑重;有双排扣的宜系好全部纽扣,有时可不系最下面的纽扣。

②口袋。只作装饰,一般情况下不宜装任何东西,但必要时可装折好花式的手帕。左胸内侧衣袋可以装小日记本或笔。右侧内侧衣袋可以装名片、香烟、打火机等。

(2)西裤

①在正式场合应与上装同色同料,非正式场合可同色系,有深浅。

②必须有中折线,裤线需熨挺直。

③长度宜前面能盖住脚背,后面能遮住1厘米以上的鞋帮。

④两侧前口袋不宜装东西以求裤型美观,后面口袋可以装手帕。

⑤不要随意将裤管挽起来。

(3)马甲

①尺寸。合身是挑选马甲的第一个标准,如果外面搭配西装,马甲肩部宜窄一些。马甲的长度以恰好覆盖腰部为宜。

②领子。年轻者宜选尖领款式,年长者宜选圆领款式。

③纽扣。最下面一粒纽扣可以不系,纽扣数量越少越适合单独搭配衬衫来穿。

④口袋。马甲有无口袋的,有两个口袋的,还有在胸部有暗兜的。暗兜主要是装饰功能,不宜装东西。

4.西装的选购

(1)合身

系上纽扣,可以从衣领轻松地放入一个拳头,肩部、胸部和中腰皆松紧合适,袖子能自然下垂,且无褶皱、不紧绷。

(2)衣长和袖长

前衣到裤裆,后衣到臀峰。双手自然下垂,袖口距虎口2厘米左右。

(3)臀围

宜既舒适又能塑型,穿脱方便。

(二)衬衫的装扮技巧

1.衬衫的领型

衬衫的风格变化,主要是领与袖的变化,了解衬衫要从领子开始。通常的衬衫领子,有以下五款:

(1)标准领

标准领的长度和敞开的角度均走势"平缓"。常见于商务活动中,颜色以单色和白色为主,是最常见、最普通的款式,适合多年龄段和任何脸形。

(2)温莎领

温莎领又称"法式"领,左右领子的角度为120°~180°,是比较夸张、自信的领型。可以展示修长的脖子,适用于圆形脸和方形脸。

(3)暗扣领

暗扣领左右领子上缝有提纽,领带从提纽上穿过。讲究严谨,强调领带结构的立体形象,穿着这种领型的衬衫必须打领带。

(4)异色领

异色领的颜色与衬衫的颜色和花型不一样,领型多为标准领或敞角领,是较讲究的一种礼用衬衫。不易穿出品位,但时尚感强。

(5)纽扣领

纽扣领领尖以纽扣固定于衣身,多用于休闲的格衬衫上。部分商务衬衫采用纽扣领,目的是固定领带,适合年轻人。

2.衬衫的尺码

中国的服装系列产品采用国际标准号型,具体表示为号/型加体型代号,如170/92A、175/96A。"号"指人体的身高,"型"表示(净)围度,"ABC"指体型分类代号(中国人的体型以A型为主)。如:衬衫175/92A,表示该衬衫适用于身高为173~177厘米,净胸围为91~93厘米,净胸腰之差为12~16厘米的体型。

研究发现,人的领围和身高体重有很大的关联性,衬衫尺码标准即以领围(厘米)为参数,即衬衫的码数。一般应选择净领围(脖围)+2的数值的衬衫规格,如:领围是38厘米,应选40的衬衫。男式衬衫尺码对照见表3-1。

表3-1　　　　　　　　　　　男式衬衫尺码对照

领围/厘米	国际标准号型	肩宽/厘米	胸围/厘米	衣长/厘米	身高/厘米	上衣尺码
37	160/80A	42~43	98~101	72	160	XS
38	165/84A	44~45	102~105	74	165	S
39	170/88A	46~47	106~109	76	170	M
40	175/92A	47~48	110~113	78	175	L
41	180/96A	49~50	114~117	80	180	XL
42	180/100A	51~52	118~121	82	185	XXL
43	180/104A	53~54	122~125	83	190	XXXL

3.衬衫的装扮技巧

(1)不同功效的装扮

①穿西装或礼服时。宜穿白色或浅色的内穿型衬衫。袖子的长度要盖过腕骨,袖口应露出西装1厘米左右,衣领应高出西装衣领0.5～1厘米。

②穿夹克衫或中山装时。以内穿型衬衫为佳,表里兼穿型衬衫次之。

③衬衫做外衣穿戴时。宜选外穿型或表里兼穿型衬衫。

(2)搭配领带的装扮

当衬衫搭配领带时(无论是否穿西装),领口纽、袖口纽和袖叉纽都应扣上,保证领带结将领口纽部分遮住。衬衫领子的围度以塞进一根手指为宜,衬衫长度以可束在裤子中为宜。

(三)领带的装扮技巧

1.领带的类型

从形态特征上看,领带有以下八种常用的类型。

(1)箭头型

因该型领带大小两端的头部都呈三角形的箭头状而得名,是领带中最基本的样式。一般用绸料裁制,内衬毛衬料,有弹性,不易折皱。

(2)平头型

因该型领带的两端呈平头型而得名,比箭头型领带略短而窄,大多是素色或提花面料。

(3)线环型

线环型领带又称丝绳领带,系用简单方便。用一根彩色的丝绳在衣领中环绕,串过前面中间的金属套口,给人以轻松活泼之感。

(4)西部型

西部型领带即缎带领结,以黑色或紫红缎带在衣领下前方中间系一蝴蝶结作装饰。

(5)宽型

宽型领带与系围巾的方式一样,不需系结,给人以年轻时尚感。

(6)巾型

巾型领带是一种传统的领带样式,形式和风格与红领巾相似,用绸料制作。

(7)翼型

翼型领带也称领结,有小领花和蝴蝶结两类。小领花主要用于配礼服,有黑白两色,白领花只配燕尾服,黑领花用于配小礼服及礼服两种。蝴蝶结由小领花发展而来,比领花大,因其像展翅的蝴蝶而得名。用黑色、紫红色等颜色的绸料制作,一般与礼服搭配。

2.领带的花纹样式

(1)纯色领带

纯色领带指无纹领带,但有纺织纹的单色领带也被包含在内。在公务活动和社交场合,蓝色、灰色、黑色、白色及酒红色比较适合。

(2)点状领带

点状领带属于经典型。图案中的圆点有大小之分,圆点越小越有雅致之感,适用于商务场合;圆点稍大适用于休闲场合。立体织花或印花所呈现出来的质感也不同。

(3)斜纹领带

斜纹领带富有动感,能塑造男性睿智果决的形象,在领带的花纹样式中比例最大。英式条纹从左上到右下,美式条纹从右上至左下。斜纹的间隔、粗细及色彩的不同能搭配出完全不同的风格。如线条粗细完全一致并交错出现是学院派的风格;线条一粗一细间隔出现,在两色衔接处配上装饰色条给人以稳重之感;线条粗细不规则且用色夸张给人以活泼之感。

(4)花型领带

①俱乐部领带

俱乐部领带上通常是深色背景和相隔均匀、重复出现的小徽章、盾牌或者顶饰等。花型也可以是休闲活动的符号,如一个高尔夫球棒或一辆赛车,同样是相隔均匀地重复出现在深色的背景上。

②佩斯利螺旋花纹领带

佩斯利螺旋花纹领带是一种复杂的、印或织有完整花型的领带,色彩丰富,给人以时尚感。

③格子花呢领带

格子花呢领带上面有一种像盒子的图案,由数种色彩的水平或垂直条纹交叉在一起构成,适合非正式场合。

④名牌大学联合会领带

名牌大学联合会领带因曾受美国东北部地区大学生们的欢迎而得名。该花型包括较深的背景和多种色彩的小图案,如三角形、同心圆、星罗棋布的钻石或椭圆等。

3.领带的主要系法

(1)平结

平结又称单结或普通结,是最常用的一种结法,为领带结的古典形式。打结和解结都非常容易,领结呈斜三角形,适合窄领衬衫。系好后的领带结应不太紧、也不太松地系在衬衫领上,领带的最宽部分应位于腰带处。

(2)双环结

双环结是在单结的基础上多系一圈即两圈。适用于细款领带,给人以时尚感,适合年轻男性。该结的特色是第一圈会稍露出于第二圈之外。

(3)温莎结

温莎结因温莎公爵而得名,是很正统的领带系法。系出的结呈正三角形,饱满有力,适合搭配宽领衬衫,用于出席正式场合。温莎结系领带法操作复杂,要非常对称地系才能成功,宜多往横向发展。不适用于材质过厚的领带,结也勿打得过大。

(4)半温莎结

半温莎结又称十字结,是温莎结的改良版,较温莎结更容易系。适合细款领带,搭配小尖领或标准领的衬衫。该系法同样不适用于质地厚的领带。

(5)交叉结

交叉结系起来较复杂,特点是系出的结有一道分割线,适用于色彩素雅且质地较薄的领带,给人以时尚之感。

(6)双交叉结

由于交叉与双环,双交叉结系出来十分敦实,宜搭配质地厚实的正式衬衫。该结给人以尊贵感,但已经越来越少见。

(7)四手结

四手结因通过四个步骤就能完成打结而得名,是一种便捷的领带系法,适合较窄的领带,搭配窄领衬衫,风格休闲,适用于非正式场合。

(8)亚伯特王子结

亚伯特王子结是加强版的四手结,适用于质地柔软的细款领带,搭配扣领或尖领衬衫。适合小型社交场合和非正式场合。由于系结时要绕三圈,因此该结不适用于较厚质地的领带。

(9)浪漫结

浪漫结是一种完美的结型,打破了领带必须保持一条直线的规则,窄端出现在宽端边,充满了戏剧色彩。适合搭配浪漫系列的领口及衬衫,完成后将领结下方宽边压以皱褶可缩小其结型。

(10)简式结

简式结又称马车夫结,适用于质地较厚的领带和扣领衬衫。其特点在于先将宽端以180°由上往下扭转,然后将折叠处隐藏于后方完成打结。该领带结非常紧,18世纪末的英国马车夫常系该领带结,因而又称马车夫结。

4.领带的色彩搭配

在领带配色上,统一的规则是领带颜色永远要比衬衫颜色深一些。

(1)同色系搭配

将同色系的西装、领带和衬衫搭配在一起的方法较容易掌握,整体看上去更和谐,有职业特征。如浅蓝色衬衫+蓝色西装+蓝色领带。

(2)对比色搭配

①黑白配。黑白配是最强烈的对比色搭配,如果西装和领带是黑色的,宜选对比强烈的白色衬衫进行搭配。如白色衬衫+黑色西装+黑色领带。

②领带与西装和衬衫的颜色都形成对比。领带颜色只要与西装、口袋巾或衬衫中的一种相呼应,就可以做到协调和美观。如白色衬衫+蓝色西装+红色领带。

(五)其他服饰的装扮技巧

1.鞋

人们常说"西装革履",穿西装一定要配皮鞋,同时要注意色彩及风格的统一。宜选择纯牛皮光面材质的,皮面不能过于光洁亮眼,最好是头层牛皮的哑光质感,以自然色、深色为主,黑色为首选。男士穿正装时的皮鞋分为系带式和简便式,系带式是经典的正装款式,近年来简便的松紧带式皮鞋也成了正装的选择。皮鞋应当保持洁净,男士最好随身携带纸巾以便擦除皮鞋上的灰尘。

2. 袜

国际通用的规范将男袜分成两大类,即深色的西装袜和浅色的纯棉休闲袜。白棉袜只用来配休闲服和便鞋。标准西装袜的颜色是黑、褐、灰及藏蓝色的,以单色和简单的提花为主。材质多是棉和弹性纤维,冬季袜子则添加羊毛以保暖。好的袜子吸汗透气,松紧适度。进口西装袜的袜筒比国产的偏长,一般到小腿处,以保证袜边不会从裤管里露出来。职场穿正装时,要注意使西裤、皮鞋和袜子三者的颜色相同或接近,使腿和脚成为完整的一体。

3. 皮带

(1)皮带的风格。皮带有搭扣式和插扣式,搭扣式宜搭配正装,插扣式宜搭配休闲装。

(2)皮带扣。图案宜庄重雅致一些,给人以成熟、有修养之感。皮带扣的大小以个人身材及裤绊的大小决定。

(3)皮带的长度。以皮带扣插入后皮带两头可以交错重叠为准,并以皮带头可插入第一个裤绊为宜。皮带插孔最好三至五个,松紧度以中间第三个孔为标准。

(4)皮带的色彩搭配。皮带颜色最好与皮鞋的颜色一致。深色的西装宜配黑色皮带,浅色的西裤可配棕色皮带。

4. 手表

正式场合宜佩戴手动上弦的、金属材质的机械表。表盘直径不超过 4.1 厘米,造型以圆形、椭圆形、正方形、长方形以及菱形为主,色彩为清晰的单色或双色。表链宜选真皮或金属材质。

5. 眼镜

正式场合宜戴金属材质、镜架较细、无框或半框及形状规则的眼镜。

6. 公文包

公文包最好为黑色或深棕色的真皮包,与腰带同色。款式基本有横款与竖款两种,可根据身材特征来搭配,身材偏胖宜携带竖款,偏瘦宜携带横款。现在公文包的内部结构日趋完善且风格多元化,一般都能装得下 A4 纸,有的内部配有可以拆分的笔记本电脑包。

7. 钢笔

正式场合宜使用高品质的金属钢笔,放在西装内侧的口袋里。

8. 手套

正式场合最好戴装饰少的皮革类手套,黑色最为常见,也可为与大衣为同一色系的单一颜色。

四、香水的使用技巧

化妆可以增加一个人容颜的美丽,服饰可以显示一个人体态的优美,一个人所用的香水也能够反映其性格特点。香水就像一件透明的衣裳,可以改变一个人的情绪、状态、给人留下深刻的印象。

(一)香水的分类

1.按浓度等级分类

香水按浓度等级分为以下几类：

(1)香精

香精赋香率为18%~25%,持续的时间为7~9小时,价格昂贵且容量小,通常都是7.5mL或15mL的包装。

(2)香水

香水赋香率为12%~18%,持续的时间为3~4小时。价格也比一般香水略高。

(3)淡香水

淡香水也称香露、梳妆水,赋香率为7%~12%,持续的时间为2~3小时。价格便宜,是较常见的、被广泛使用的香水。

(4)古龙水

古龙水赋香率为3%~7%,持续的时间为1~2小时,因为不持久,已经很少见了。

(5)清香水

清香水也称清凉水,在各个香水等级中香精含量最低,为1%~3%。体香剂属此等级。

2.按香气特征分类

香水按香气特征分为以下几类：

(1)柑橘型

柑橘型包括柑橘、酸橙、柠檬、香橼及佛手等比较透发的香气,留香期都不长,有清新感。

(2)清香型

清香型接近于揉搓青叶和青草时的鲜嫩芳香和花香混合时的香气,有大自然般的清新感。

(3)单花香型

单花香型是单纯一种花的香气,如茉莉花、玫瑰花、丁香花、桂花、紫罗兰及薰衣草等的香气,有天然清新感。

(4)百花香型

百花香型又名花束香,是几种花混在一起的花束的香气,有现代风格的高雅感、女性的柔和感。

(5)醛香花香型

醛香花香型是主体为醛类香料的香气,与花香和其他非花香韵组成复合香气,有女性的柔和感、优雅感。

(6)素心兰型(Chypre)

素心兰型是果香、草香、苔香、豆香、花香及膏香等香气,有橡苔、香柠檬、玫瑰、香木及麝香等混合特征,有成熟感。

(7) 东方香型

东方香型香气浓烈、刺激而长久,具有典型的东方神韵色彩。所含的麝香、龙涎香、香草香及檀香的成分比较高,有朦胧、典雅和神秘感,适合晚上使用。

(8) 馥奇

馥奇是指明显的黑香豆和苔香香气,且伴有青翠的草木香韵,有田野风味感。

(9) 木香型

木香型是以檀香、沉香、柏木香、樟木香及杉木香等为代表的香气,有厚重感。

(10) 草辛香型

草辛香型是草和辛香料味的香气。

(11) 皮革型

皮革型是皮革香、花香、草香、豆香、膏香及焦木香等混合的香气,有男性的柔和感。

(12) 烟草型

烟草型在辛辣中带一点淡淡的苦涩的香气,有醇厚的男性气息。

(二) 香水的三调

香水的三调指前调、中调和后调,是一款香水最基本的调。香调不同,会导致香气不同,所持续的时间也不同。品质好的香水均具有三调,呈现起承转合的韵律感。

试香时,将香水喷在手腕上或试香纸上,等香水干了再闻。试香宜在上午,因为此段时间人的嗅觉最敏锐。饱食后嗅觉会变迟钝,不宜试香,空腹闻香会感觉恶心。试香种类不要太多,以三种左右为宜,最多五种。在确定了第一种香气后再试第二种,不宜在两者间嗅来嗅去。

1. 前调

前调指最初接触香水时所嗅到的直达鼻内的香气,有香气和挥发性高的酒精稍微混在一起的感觉,大约持续10分钟。

2. 中调

中调是香水酒精的味道消失后留下的香水本味,持续的时间最长,约三个小时,试香时要根据中调的香气选择适合自己的香水。

3. 后调

后调是香水喷后约30分钟后才出现的,味较淡,能很好地表现出一个人的个性,是混合了个人体味所产生的综合味道。在试香时,也可向空中喷洒香水,再用手接一点儿飞沫至鼻边闻,此时香水直接呈现中调及后调,为香水的主调。

(三) 香水的喷洒方法

香精是以"点",香水是以"线",淡香水是以"面"的方式喷洒,浓度越低,喷洒的范围越广。香精以点擦拭或小范围喷洒于手腕脉搏跳动处、耳后、膝后。香水、古龙水或淡香水因为香精油含量不是很高,不会破坏衣服的纤维,所以可以很自由地喷洒及使用。手腕脉搏跳动处、衣服内里、头发上或身体其他体温高的部位,喷洒香水的效果比较好。另外,由于香气向上升,涂抹在下半身比涂抹在上半身更能获得理想的效果。香水的喷洒有以下两种方法:

1.七点法

将香水分别喷于左右手腕处,双手中指及无名指轻触对侧手腕,随后轻触双耳后侧、后颈部。轻拢头发,并于发尾处稍作停留。双手手腕轻触对侧的手肘内侧。使用喷雾器将香水喷于腰部左右两侧,左右手指分别轻触腰部喷香处,然后用蘸有香水的手指轻触大腿内侧、左右腿膝盖内侧、脚踝内侧,七点擦香法到此结束。注意:擦香过程中所有轻触动作都不应有摩擦,否则香料中的有机成分发生化学反应,可能会破坏香水的原味。

2.喷雾法

在着装前,用喷雾器距身体 10~20 厘米喷出雾状香水,喷洒范围越广越好,随后立于香雾中 5 分钟。或者将香水向空中大范围喷洒,然后慢慢走过香雾。这样可以让香水均匀落在身体上,留下淡淡的清香。

(四)香水的使用方法

1.根据场合使用

(1)工作时,喷洒在手腕或太阳穴处。

(2)聚餐时,喷洒在腹部或膝盖内侧。

(3)约会时,喷洒在耳后或颈后部。

2.根据气候使用

(1)冷天时香气不易挥发,可选香味浓郁的香水。

(2)热天时可选择清淡的香水。

(3)空气干燥时,香水用量可稍多。

(4)空气潮湿时,香水用量要适当减少,但次数增加。

3.根据季节使用

(1)春天

春天温度偏低,但气候已开始转向潮湿,香气挥发性较低,宜用清新的鲜花或水果香气的香水。

(2)夏天

夏天气候炎热潮湿,流汗多,宜用挥发性较高的、清新的、中性感觉的天然草木香气的香水。

(3)秋天

秋天气候干燥,宜用香气较浓的、有辛辣味的植物香气的香水。

(4)冬天

冬天气候寒冷,宜用香气浓郁的、有清甜鲜花或辛辣味香气的香水。

【情境演练】

职业装:"包装"

一、课前准备

教师提前通知学生阅读教材模块三,按其中的服饰装扮要求,穿面试服装到教室上本节课。建议全体女生都穿面试裙装,男生穿面试西装,有条件的可以系领带。

二、小组互动

1.全班分为几组,每组选出一名小组公认的职业形象最佳的同学。

2.每位学生对这位同学的服饰装扮进行点评,按以下要点做记录。

三、记录

1.配色原则评价

我的评价:

同学的评价:

教师总结要点记录:

2. TPO 原则

我的评价:

同学的评价:

教师总结要点记录:

3.服饰礼仪评价

我的评价:

同学的评价:

教师总结要点记录:

【情境拓展】

女性的穿衣风格测试

测试题:

1.你经常穿的服装款式是( )。

A.很少配套,喜欢穿舒适且职业化的服装

B.古典的职业套装

C.线条柔和、能显出曲线的女装

D.大胆、前卫、时髦的服装

E.得体大方的组合搭配服装

F.质料上乘、高档的服装

G.小圆领的可爱服装

H.设计简洁的立领式服装

2.周末你经常穿的服装是(　　)。

A.运动服或者休闲服

B.适合很多场合穿的裙子

C.漂亮的衬衫

D.造型时髦

E.有个性的款式

F.长裙

G.碎花连衣裙

H.男式打扮

3.你喜欢的发式是(　　)。

A.很随意的发式

B.整洁又不拘谨的发式

C.大波浪长卷发

D.夸张的发式

E.个性时尚的发式

F.比较柔和的卷发

G.小碎卷发

H.短发,像个男孩子

4.你经常选择的服装面料是(　　)。

A.法兰绒斜纹平织物,麻织物

B.100%羊毛、棉和丝等天然面料

C.平针织物、透孔织物、丝织物

D.天鹅绒、锦缎、仿鹿皮等华丽的面料

E.金属线织物、色彩对比强烈的织物

F.高级皱纹呢、羊绒、皮革

G.小印花棉布

H.化纤、混纺

5.你经常穿的衬衫是(　　)。

A.羊毛衬衫

B.棉织衬衫

C.花边领衬衫

D.大胆、夸张的衬衫

E.非常艺术化的衬衫

F.丝质衬衫

G.圆领的花边衬衫

H.男式衬衫

6.你喜欢的饰品是（　　）。

A.天然的珠子和石子

B.珍珠或黄金饰品

C.华丽的、有女人味的饰品

D.形状大胆的饰品

E.个性怪异的饰品

F.垂吊的链状耳饰

G.可爱的小饰品

H.简洁的金属类饰品

7.你喜欢穿的晚装是（　　）。

A.天鹅绒的裙子

B.设计简单的裙子

C.精美漂亮的丝织裙子

D.色彩丰富的丝织上装与黑色裙子搭配

E.有金属饰片的裙装

F.优雅的长裙

G.有花朵或蝴蝶结装饰的裙子

H.男式打扮，比如短裤装或西装背带裤

8.你喜欢穿的鞋子是（　　）。

A.短靴

B.款式正统的中高跟鞋

C.露趾或后吊的高跟鞋

D.皮靴或非常引人注目的鞋子

E.造型感强的鞋子

F.鞋头尖的细高跟鞋

G.带装饰的小皮鞋

H.方头、系带的鞋子

9.你喜欢化的妆容是（　　）。

A.质朴的生活妆

B.高贵的古典妆

C.有时候会化梦幻妆

D.精致的妆容

E.夸张的时尚妆

F.女人味十足的优雅妆

G.天真可爱的少女妆

H.干练的职业妆

10.你身边的人对你的评价为(　　)。

A.亲切自然、随意质朴

B.端庄、高贵、稳重、传统

C.成熟、妩媚

D.时髦、引人注目

E.个性叛逆、喜欢标新立异

F.有女人味、小家碧玉型

G.可爱天真、朝气蓬勃

H.干练帅气、非常直爽

结果分析：

选择 A 居多：青春自然型。

选择 B 居多：高贵典雅型。

选择 C 居多：温婉浪漫型。

选择 D 居多：雍容华贵型。

选择 E 居多：个性前卫型。

选择 F 居多：娇美成熟型。

选择 G 居多：活泼可爱型。

选择 H 居多：潇洒干练型。

职业妆容设计

模块四

引 例

南开中学的教学楼前竖立着一面大镜子，上面写着引人注目的镜箴：面必净、发必理、衣必整、纽必结，头容正、肩容平、胸容宽、背容直，气象勿傲、勿暴、勿怠，颜色宜和、宜静、宜庄。

> 粉黛至则面貌以如丽。
>
> ——东晋医药学家葛洪

有人说，世界上没有难看的人，只有不懂得如何将自己打扮得体的人。

每个人对自己的形象都有大同小异的认知，但女性对自己脸部状况的关注程度明显高于男性，因而她们每天花在面部护理上的时间也明显高于男性。男性很少有人具备护肤常识，大部分男士不会主动去关注美容护肤的信息。女性则不同，她们带着享受和积极的心态去了解护肤知识并去实践，她们往往给自己面部的肌肤状态定下较高的目标，并一直努力，可以坚持不懈很长时间甚至一辈子。

化妆是一门综合的艺术，它涉及美学、生理学、心理学、造型艺术等学科；化妆又是一项技术、技巧，它运用色彩及各种化妆用品来突出和强调每个人面部自然美的部分，减弱或掩饰其容貌上的欠缺。修饰后的妆容在展示职业形象中起着重要的作用。妆容能够激活人们在职场中不断创造的内驱力。妆容形象不仅是为了自娱自乐、满足自我身心愉悦的需要，也不仅是传统意义上的"为悦己者容"，它更是一个人事业发展的重要资源。

所谓职业妆容设计，就是在自身原有条件的基础上，定义一个被公众接受和期望的妆容形象，设计者通过使用丰富的化妆品和工具，正确运用色彩，采用合乎法则的步骤和技巧，对五官及其他部位进行预想的渲染、描画、整理，以强化立体效果、调整形色、表现神采，从而达到设计的目的。职业妆容是展示职业形象的重要方面，职业妆容设计是职业态度、职业追求的表达方式之一。

情境一 职业妆容设计的基本技巧

一、职业女性的妆容设计技巧

化妆是自尊自爱的体现,是对交往对象的尊重,也是组织管理完善的一个标志。但是,工作岗位中的化妆与业余生活中的化妆有所不同。职业女性应恪守的信条是沉稳、干练、典雅,职业妆容是其自然的选择与升华。上班前淡淡地化一下妆,打扮得体,不仅会给职业生活增添光彩,而且会使自己充满活力与自信。

成功的职业女性通常会在化妆之前考虑到希望给人留下什么样的印象,以及怎样化妆才能更好地表现自己的个性,根据自己的具体情况突出妆容的个性化特点。工作妆受到办公环境的制约,因此在眉、眼、唇的形态上应有恰当的选择,妆容要美观大方、清爽宜人。

(一)面部妆容

1. 选择粉底色

应选择与肤色接近的粉底色,若粉底色太白,会有"浮"的感觉。可用拍打的手法薄薄施上一层粉底,注意发鬓与颈部,要有自然过渡,以免产生"面具"似的感觉。应在面霜完全吸收后再上粉,以保证均匀的效果。

2. 眉毛的修饰

中国传统妆容讲究修眉,面部表情的重点多在眉和眼部,眉目之间能衬托出人的性格和气质。

(1)眉形修饰

①准备修眉工具。修眉工具包括眉钳、眉笔、眉刷、镜子、眉剪、修眉刀、化妆水、镊子、弯剪刀和棉签等。

②清洁。用棉签蘸化妆水,涂抹眉毛及周围,作为修眉前的准备,有清洁和安抚的作用。

③确定眉形。眉笔(笔杆不能太粗,以免影响判断结果)紧靠鼻翼,与内眼角连成一线,笔尖和眉头交界处为漂亮眉毛的起点(不必将多出的部分完全剃掉,只需在画眉时从这一点开始,以使过渡更自然)。笔尖稍微倾斜与瞳孔外侧拉成一直线,笔尖与眉毛的交会点即眉峰的位置。笔尖再倾斜与外眼角拉成一直线,笔尖与眉毛的交会点即眉尾合适的位置,分别用眉笔轻轻画上记号。

④画出理想的眉形。用与头发相似色的眉笔或眉粉画出理想的眉形后,再开始修眉,提高准确度。画眉毛的时候,要用眉笔一小笔一小笔地描画,填补眉毛之间的空隙之处,每一笔都不能比自然的眉毛长。从眉头的部分开始向后画,然后用眉刷或者手指把涂色晕开。

⑤修整眉形。先用修眉刀将眉眼间的大范围杂毛剃除,再用镊子拔除靠近眉毛处的细小杂毛,拔的时候要夹紧根部,顺向拔起。用眉梳或眉刷由眉头向眉峰的位置梳顺眉毛,眉峰到眉尾的眉毛要往下梳。利用弯剪刀,把梳整后的眉毛边缘修剪出整齐的弧线。

⑥调整眉形的长度。把过长的眉毛修剪到合适的长度,眉梢留得短一些,越靠近眉头越要留得长一些。从眉毛正中到眉尖,除形状不好的毛以外,其余的不宜剪得太短。"依次处理每一根"是准则,只剪去那些多余和过长的眉毛即可。

⑦用冰块冷敷。拔完眉毛可以用冰块冷敷,减轻疼痛感,也可以使用茶树精油改善红肿现象。

(2)脸形与眉形

①圆形脸。适合上扬的眉形或弧形眉。眉间距稍近;眉峰在靠近眉毛外侧的1/3处,略上扬;眉尾宜高于眉头。

②方形脸。适合上扬的粗眉形。眉间距不宜过窄;眉头稍粗;眉峰在眉毛的1/2处,角度圆润柔和。

③长形脸。适合长长的、平直中略带一点弧度的平眉,或者是短粗的一字眉。眉间距可适当加宽;眉峰在眉毛的2/3处,尽量平。

④菱形脸。适合平缓、修长的眉形。眉间距不宜太窄;眉头稍粗;眉峰在眉毛的2/3处,宜靠外。

⑤三角形脸。适合圆融的平粗眉。眉头和眉尾的高度基本一致;无眉峰。

⑥倒三角形脸。适合平缓的眉形。眉头和眉尾的高度基本一致;眉尾宜比标准眉形短一些。

(3)眉毛的几个关键要素

①眉头:眉端最粗的部分,基本上以不动为妙。

②眉峰:眉毛的最高处,是决定眉毛风格的关键所在。

③眉尾:眉毛的尾部,鼻翼、外眼角、眉尾成一直线的眉形最为自然。

3.眼睛的修饰

眼睛居五官之首,有"心灵之窗"的比喻,从眼睛可以看出一个人的气质,故在化妆时把眼睛列为重点。眼能传神,能显示出整个人的精神面貌。

(1)眼影

①将较明亮的浅色眼影在整个眼窝晕开,营造出眼部的立体感。可用手指画出眼窝轮廓,将浅色眼影从眼睑中心部位向外侧轻轻晕染开来,制造出层次感,渲染出自然的眼影效果。

②在睫毛根部用深色眼影呈线状描画,然后在明亮色与深色之间,用眼影棒将两种色彩轻轻晕开,就可形成层次感。

(2)眼线

想让眼睛看上去大而有神,描画眼线是必不可少的环节之一。

①眼线笔不要削得太尖,首先在睫毛根部,用黑色或深棕色眼线笔描上色彩。涂抹时小幅度地移动眼线笔会更容易上色。

②使用眼线液要尽量在接近眼际的部位描画,让画出的眼线位于睫毛根部的略上方。

③为了让妆容看起来更加自然,可用棉棒的尖端在眼线笔上蘸一下,从距离眼梢1/3处开始轻轻向外晕开眼线,以模糊眼线的轮廓。内眼角部位的上下眼线也都要稍稍晕染开来,这样就能显得更加自然。

(3)睫毛夹与睫毛膏

①睫毛夹的操作方法。眼睛朝下看,确认好睫毛根部位置。然后双眼微睁,将眉毛向上提向额头,这样就能很快夹住睫毛根部。用大拇指推动睫毛夹轻轻夹住睫毛,加以固定并卷出弧度。睫毛夹贴住眼际后位置要保持固定,不要随意变动。

②睫毛膏的涂法。睫毛膏能使睫毛显得浓密而富有光泽,是塑造明眸善睐的秘密武器。睫毛膏主要有黑色、灰色、棕色、褐色几种,以黑色睫毛膏居多。

涂刷睫毛膏时,可以在下方放置一面镜子,用手指轻轻展开眼睑,这样可以让睫毛刷接触到睫毛根部。先用睫毛刷左右移动着涂刷,然后从睫毛根部向着睫毛尖端涂刷,一边涂睫毛膏一边使睫毛向上弯卷。涂刷下睫毛时,可将镜子放在高于脸部的位置。用刷头纵向涂抹会更方便,且不易失败。

(4)戴眼镜时的眼妆

眼镜妆应该干净、有神,在眼妆的明艳度上,不需要太多色彩,宜清晰利落。

①戴近视眼镜时。近视镜片有缩小眼睛的效果,因此将眼睛变大是整个妆容的重点。上眼皮用浅色眼影稍微提高明艳度,偏深色眼影涂眼尾,下眼睑后1/3的眼影可以加强一些;只画睫毛根部的内眼线,这样不会显得镜框内的黑色眼线太粗太满。如果还想放大眼睛,可以用深色眼影贴着睫毛晕染,眼尾可以超出外眦稍微拉长一些;翘的睫毛会让眼睛明显变大,可以从根部开始把睫毛夹成L形,用卷翘型睫毛膏加强,最后用睫毛定型液保持。

②戴远视眼镜时。远视镜片有放大眼睛的效果,因此应该用较浅的笔触与色彩,使整个妆容显得柔和淡雅。宜涂单色或双色眼影,如浅褐色、灰红色、浅紫色及珍珠色等中性色调;宜用眼线笔而非眼线液,眼线不宜画太粗;宜用褐色睫毛膏,给人一种婉约之感。

③戴变色眼镜时。镜片的深浅变化会对眼部色彩产生影响,如蓝色眼影在红褐色镜片下变成土灰色,而红色眼影在镜片下则变成褐色。因此宜涂浅的暖色调或明亮的珍珠色眼影;或只画眼线,使眼睛更有神,而省略眼影的作用。

④戴隐形眼镜时。化妆前先戴隐形眼镜才能看清楚,卸妆前摘掉隐形眼镜以免把残留化妆物带入眼内。宜用无蔓延性脂类眼影,不用压力就可方便地上色。如果是粉状眼影,要轻弹化妆刷使余粉散落,避免化妆时掉入眼里。将浅色眼影涂在眼睛褶皱处,在眼尾处加深,会增强眼睛的立体感;用水溶性眼线膏,在睫毛根部外缘画眼线;用不含任何剥落成分的睫毛液。

(5)黑眼圈的遮盖

①循环型黑眼圈。血液循环差,造成眼周大面积的肤色暗沉。这类黑眼圈偏褐色,想要完美遮盖需先进行肤色矫正。用橙色遮瑕中和褐色眼圈,再以接近原肤色的色彩进行第二次遮盖,以暖色调中和深色比以浅色遮盖看起来自然。用有保湿效果的橙色遮瑕膏均匀地涂抹在黑眼圈处,以笔刷蘸一下粉饼,然后在遮瑕处轻轻拍打并顺向轻刷。

②泪沟型黑眼圈。出现在眼头下方位置,通常是眼部肌肤老化造成的松弛,出现皮肤层叠的黯沉现象。宜用液状湿润型偏橘色遮瑕品做遮瑕,先将乳液和遮瑕膏混合调匀,将调匀后的遮瑕膏均匀地点在黑眼圈处,用手指轻轻拍打,使遮瑕膏更加服帖于皮肤。将有保湿效果的眼部专用蜜粉轻轻顺向刷过遮瑕范围,在眼头及眼尾用提亮蜜粉

打亮。

③眼袋型黑眼圈。集中在眼袋下缘,当眼袋中的脂肪堆积到某种程度压迫到血管循环时,会使得眼袋下肌肤黯沉。先以液状遮瑕笔提亮:涂到眼袋的下方(不要涂抹到眼袋部位),先往下按压拍打,再轻轻往上按压拍打;再以笔刷蘸取粉饼,在眼袋下方轻轻刷过,以珠光或打亮专用蜜粉提亮眼袋下方。

4.鼻子的修饰

鼻子占据着面部的中心位置,鼻子的高低、长短、宽窄直接影响着面部形象。

(1)鼻子过大

整个面部妆容宜采用柔和的色调,过于鲜艳的眼妆及唇膏会加深鼻大的印象。鼻的两侧涂抹稍暗的鼻影,从鼻根开始,渐渐涂染到鼻翼。

(2)鼻子过短

从离眉头 3.5 厘米的位置起,向鼻尖方向涂抹鼻影,并在眉头和眼角之间涂抹上鼻影,鼻梁上明亮的底粉与鼻影相配,鼻子太短的感觉便会得到缓解。

(3)鼻梁过宽

用眼影笔(最好是灰色的)在鼻梁两侧画上两条细细的直线,然后在鼻翼两侧施粉底,将粉底与鼻侧线一起轻轻揉开。鼻梁过宽的修饰分以下两种情况:

①鼻子的长度如果超过全脸的 1/3:用褐色的鼻影从上往下涂抹,在鼻尖处也涂抹一些,鼻子看起来就会短一些。

②鼻子的长度如果不超过全脸的 1/3:看起来就感觉很短,这时要用褐色鼻影由眉头沿着鼻子的两侧往下涂抹,直到鼻子的末端,鼻子就会显得长一些。

(4)鼻梁过低

用白色的粉底涂抹在鼻梁底处,鼻子两侧涂抹上褐色的鼻影,鼻子就会显得高而挺了。

(5)鹰钩鼻

从鼻子的中央到鼻头都涂上深色的粉底,看起来会缓和不少。

(6)鼻翼过宽

在两鼻翼部位涂上深色粉底。用粉底来修正鼻子,是要让鼻子显得挺直而有立体感,但鼻影的深浅不要太分明,以免使人看出有明显的分界线。

5.腮红的涂法

(1)一般脸形

方法一:从颧骨下向鬓角方向晕染上腮红,既丰富了面颊的色彩,使之红润、富有生气,又加强了颧骨的结构。

方法二:从颧骨与眼区处向太阳穴方向晕染上淡而柔和的腮红,可给人以神采奕奕、朝气蓬勃的感觉。

方法三:用深浅不同的腮红修饰面颊,重点在颧骨部位。如褐色阴影涂于颧骨下,粉红色涂在双颊上,象牙色涂在双颊之上及眼下部位。在晕染过程中要注意色阶的层次变化,衔接自然,不能给人感觉有生硬的色块。

(2)长形脸

顺着颧骨的外围(由颧骨下向外)涂腮红,涂成近似椭圆的效果,腮红饱满地向两边扩展。这条色彩横向切面将长脸分割成上下两段,加之色彩的横向延续,引导人们的视觉横向延伸,增强了脸部的丰满感。

(3)圆形脸

腮红涂在颧丘朝内(向脸中间靠拢)处,呈偏长条形,向上朝眼尾处,向下朝嘴角处渐渐淡化消失。这条近似纵向分割的色块,将人的视觉上下引导,使脸形收缩,增强了修长的感觉。

(4)肤色较黑

要顺应黑的特点,在面颊修饰时,改用膏状腮红,能表现出肌肤透亮的质感。腮红色的选择应浅淡自然,宜用比肤色较鲜艳些的浅色(如浅褐色)。

(5)肤色较白

白与黑在服装色彩搭配中,可同任何色彩相配,因为任何颜色在白和黑的衬托下都会愈加鲜明。但是在面颊的修饰上却恰恰相反,生活妆中强烈的对比只会让人看上去不舒服,因而在较白的肤色上涂腮红应减弱色差,选用浅桃红、浅棕红等低纯度的腮红效果较好。

6.唇的修饰

(1)唇形的修饰技巧

唇的化妆应着眼于整体,发挥嘴唇本身的优势,扬长避短。化生活妆,要求自然而不留痕迹,嘴唇的矫形化妆,是在原有唇形的基础上找出需要调整的部位,稍加改变和修饰。画唇线不仅使嘴唇轮廓清晰,还可改变嘴形;涂唇膏不仅能增加唇的鲜艳度,还可利用色彩的明暗对比原理来改变唇的大小、厚薄。

①大嘴。先用粉底涂唇的边缘,再用深色唇线笔轻轻沿原来唇廓线内侧画出新的唇线,线条要画曲线;然后在轮廓线内涂抹唇膏,在靠近嘴角的部位应涂暗色唇膏,在色彩的明暗对比上加强层次感。避免使用大红、艳红、粉红及银红等夸张的色彩,因为明亮、鲜艳的色彩有膨胀感,深暗的色彩有收缩感。

②小嘴。将小嘴画大,要依本来的唇形而定,不能无节制地夸张。用与唇膏色彩相近的唇线笔沿原唇线外围画出新的唇线,再涂上明亮润泽的唇膏或珠光唇膏,在唇上多用一点唇膏,使唇显得丰满些。

③厚唇。在嘴唇四周边缘盖一层粉底,会使厚唇看起来薄一些,再用比唇膏色彩深一些的唇线笔,沿原唇形内勾出唇线;修改幅度不要太大,否则看上去不自然。以选用哑光的深色唇膏为宜,嘴唇的内侧涂厚些,外侧涂薄些。

④薄唇。用唇线笔在原唇形的外沿画上唇线,轮廓线靠近嘴角的地方深一些、饱满些,越往中间越淡,选用有一定覆盖力的唇膏遮住原来的唇沿轮廓,将唇膏仔细地涂抹均匀,最后还可以在唇中央处上些光亮剂或光泽唇膏,使唇看起来更加柔软丰满。

⑤嘴角下垂。用较厚的粉底霜或修容膏来修饰唇角。用唇线笔修正时,上唇要内描,两端要比嘴角原唇形提高一点,使其具有上翘的趋势,下唇角的弧线与上唇呼应,并连接自然。涂抹上适合的唇膏,唇角处用浓暗色,唇中部用鲜明色,以突出中部的唇形。

⑥上唇厚,下唇薄。方法一:在上唇涂深色唇膏,下唇涂浅色唇膏或光泽唇膏;方法二:改变上下唇的轮廓。上唇线画在本来唇线的内侧,边缘部分盖上粉底,下唇线画在本来唇线的外侧,再涂以适当的唇膏。

⑦上唇薄,下唇厚。方法一:在下唇涂深色唇膏,上唇涂浅色唇膏或光泽唇膏;方法二:改变上下唇的轮廓。上唇线画在本来唇线的外侧,下唇线画在本来唇线的内侧,边缘部分盖上粉底,在唇线内涂上唇膏。

⑧平直的嘴唇。这种唇形化妆关键是加强嘴唇的立体感。上唇线画出唇峰,下唇线画得饱满些,通过唇膏明暗变化达到立体效果。嘴角部位及画出的唇峰处唇膏要深一些。上唇中间和下唇中间唇膏要浅一些,并上些亮光色。唇膏的深浅应自然衔接,使唇形丰满而富立体感。

⑨尖突的嘴唇。这种嘴唇的人要经常练习微笑动作。化妆时,上下唇的轮廓线应从嘴角的外沿开始画,斜向中部与原来的唇边会合。在新的轮廓线内涂唇膏,选与腮红同色系的唇膏,使面部色彩柔和。嘴唇中间的两侧唇膏要浅一些,其余部分唇膏要深一些,这样可使中间起伏感觉不大。

⑩唇形不对称。修饰这种唇形,重要的是小心地描画唇线,使不均匀的唇形对称、平衡,调整原来不对称的嘴唇轮廓线,在新的唇线内涂唇膏。如果是左右侧唇凹凸不一致,还可在凸起处涂抹略深色唇膏,凹进处涂抹略浅色唇膏。

(2)唇膏的使用

唇膏的选择,要根据本人的肤色、身份、年龄、所处环境、化妆风格和整体的服饰妆容而定。肤色白皙,宜选用自然色的唇膏;肤色稍黑,宜选用鲜亮色的唇膏;生活淡妆,嘴唇略加修饰即可;若是在盛大的晚宴或节日聚会的社交场合,宜选择夸张的浓艳色唇膏。

涂唇膏时,一定要从下唇开始涂抹,在画好的唇线内,自内而外地一点点涂抹均匀。下唇涂抹好后,再按照同样方法涂抹上唇。涂抹完后,用嘴唇轻含面巾纸迅速地抿一下,立即松开,唇膏就能与唇部肌肤紧密融合,自然持久,不易掉色。

①可爱风格。用手指轻轻地在整个唇部涂抹上厚厚的唇彩,塑造出丰润饱满的唇形。要点是在张开双唇时,唇彩不会积留在唇角处。也可以将粉色系或橙色系的唇膏与唇彩混合使用。

②优雅风格。事先用唇线笔描画出圆润的轮廓,营造出柔美的印象。然后用唇刷在整个唇部涂抹上金色或珠光色唇彩,提升唇部的高雅感。

③自然风格。使用透明唇彩。用手指蘸上唇彩,在唇部轻拍着涂抹。涂抹时的关键是张开双唇,不要让唇彩堆积在唇角处,嘴唇内侧最好也用唇刷稍微涂抹一些唇彩。

(二)手部美化

1.洗手

不要让手长时间浸在水中,尽量避免频繁洗手。洗手时用香皂或洗手液,绝不能用洗衣粉、肥皂等碱性大的洗护品,水温不能过冷或过热。手洗净后,一定要用干净、柔软的毛巾擦手,然后立即涂护手霜及时锁住水分。

2.防晒

不论夏天还是冬天,都要防晒。外出时,要将双手抹上防晒霜。即使是开车出去,也要按以上的方法防晒,因为紫外线会穿透玻璃。

3. 按摩

每周用磨砂膏进行一次手部按摩。洗净双手,用温水(最好能在水中加些橄榄油)浸泡片刻,然后用磨砂膏在手上轻轻按摩。10分钟后洗净,涂上护手霜即可。

4. 涂护手霜

护手霜的主要作用是及时补充手部皮肤所需油分,滋润保湿,缓解干燥、皲裂症状,特别是含有维生素 A、B、E 等成分的护手霜,更是手部保养的好产品。

(1)洗一次手就要涂抹一次护手霜。卫生间、办公室、随身包等处可各备上一支。

(2)每天出门前、睡觉前一定要涂护手霜。

(3)做家务前最好先涂抹护手霜。

5. 促进血液循环

打字、弹琴或用手指在桌面上轻轻敲打有助于促进双手的血液循环,同样的方法也适用于冻疮的治疗。

6. 戴手套

针对不同的用途,可准备几副专用手套,如防晒用的、开车用的、做家务用的,等等。为了保护双手,做家务前可先在手上涂护手霜,再戴双层手套(第一层是棉质手套,第二层是橡胶手套)。做家务时间较长时,应每隔半小时脱下手套让双手透气。寒冷天气外出时,则应戴上质地柔软的保暖手套。

7. 指甲的养护

(1)尽量减少以指甲直接接触东西,或将指甲当作工具来使用,要以指肉代替指甲,减少伤及指甲的机会。

(2)若指甲小皮已经萎缩或消失,可每天以温水浸泡10~15分钟,用热毛巾轻轻擦干,再由接近身体的一端向远端按摩,让指甲小皮重新生长。另外可使用保养乳霜来涂擦指甲小皮,减少皲裂、脱皮的情况。

(3)保持手部干燥,使病菌不易生长,感染的机会就会减少。

(4)尽量少接触各种刺激物,如肥皂、有机溶剂等。如果必须要接触,尽可能戴保护性的手套。

(5)指甲油或亮光剂使用的次数一周最好不要超过一次,指甲油停留在指甲上的时间不要超过5天。

(6)经常修剪指甲,不做或少做仿真指甲。

(7)对于受伤或破裂的指甲,可用指甲修护霜涂抹,隔天一次。指甲修护霜以含有果酸或磷脂质成分者为佳。

(三)办公室轻松补妆法

1. 脸部补妆

脱妆后脸上的色斑、痘痘会一览无遗,脸色也会随之显得不均匀。此时如果像往常一样靠粉饼按压补救,皮肤反而越来越干,妆容也让人觉得越来越厚。可先用吸油纸吸走多余的油脂,再用遮瑕膏盖上因脱妆而显露出来的斑点、痘痘,注意不要大片地覆盖,只需盖住较明显的小区域即可。完成后用手指轻轻按压,让补上的遮瑕膏更服帖自然,避免脸色不均匀。

2. 眼部补妆

晕开的眼线、睫毛膏会让眼角、下眼睑一片黑雾,感觉很邋遢。可先用棉棒擦掉已经晕染的眼影,再以无名指蘸取适量的遮瑕膏,往眼角、下眼睑的部位轻轻补色,注意眼角皮肤的皱褶部位。不用擦去眼影,补上相同或者色彩更深的眼影,使眼妆更加饱满即可。用比较小的睫毛夹,将眼尾部分的睫毛夹起,补上睫毛膏,使眼部更富神采。

3. 唇部补妆

唇部被唇膏覆盖了一天,唇纹、脱皮会变得更加明显,此时如果再涂上唇膏补妆,只会加重唇部负担,即使补妆后唇纹也难以掩盖,甚至加重脱皮的现象,让唇部看上去毫无美感。建议涂上一层薄薄的润唇膏即可,既可以抚平唇纹、避免脱皮,又能透现原来底妆的唇色。如希望唇部色彩持久艳丽,可在涂抹润唇膏后,再补上唇膏。

二、职业男性的妆容设计技巧

(一)用洁面乳洗脸

大多数男性对洁面不够重视,认为用香皂洁面就已经够了。事实上,男性皮肤偏油性,表面油脂多,外界环境中的灰尘以及皮肤坏死的细胞更容易附着在皮肤表面,大部分香皂偏碱性,脱脂能力强,会使人感觉洗得很干净。但它对细胞有脱水作用,对皮肤屏障有明显的破坏作用,使水分蒸发量增加,皮肤失去弹性,容易衰老。因此,男性应选择洁面乳来去除皮脂和表层污垢。

(二)用护肤品

相对女性来说,男性的皮肤特点和生理因素以及某些生活习惯(如吸烟、喝酒、饮浓茶)容易使皮肤脱水,变得粗糙、干燥。男性宜选择一些含有丰富保湿成分,能迅速渗透皮肤表层,给予皮肤内外保护的护肤品。当觉得自己的皮肤很舒适时,宜选择乳液类护肤品;皮肤略干燥时,宜选择霜类护肤品;如果还觉得干,就用补充水分的男性化妆水在用霜、乳类护肤品之前拍上去。

(三)定期磨面

男性皮肤油腻,极易沾染灰尘,定期磨面尤为重要。正常的皮肤代谢可将老化的角质推剥下去,使皮肤处于一种清新自然的状态。随着年龄的增长或气候的变化,皮肤的新陈代谢开始变慢,死皮细胞不易脱落,肤色便开始显得暗沉无光,也不利于皮肤吸收氧气和养分。这时可通过人工的方法去除死皮细胞,改善肤色,并促进皮肤产生新细胞,加速新陈代谢,一般可每周做一次。在磨面之后如能蒸一下,加速污垢排出,再敷个清肌消炎的清爽面膜,效果会更加理想。

(四)采取防晒措施

生活或工作在日照较强的地方应注意防晒,阳光中的紫外线会导致皮肤变黑,而长时间被紫外线照射可引起皮肤炎症、水泡、红斑及脱皮等损害。紫外线照射是加速皮肤老化最重要的外部原因。因此,男性也要使用防晒用品,可以选择有一定防晒系数的防晒霜或防晒乳液,如果天气较热,脸部已很油腻,可以选择清爽的防晒水,在骄阳下戴上一副太阳镜或戴一顶太阳帽。

(五)妆容设计

1.底妆

男性宜用与自己肤色相近或稍深的哑光粉底,干性皮肤的人宜用粉底液,较油性皮肤的人宜用中性的干粉,只涂薄薄的一层就好。用专业的遮瑕膏掩盖日晒斑、痘痕及雀斑。在眉头、下巴、鼻梁处涂上高光粉可使五官更立体。

2.眉妆

修眉时不要过度修改原有的眉形,在清理多余的杂毛后用眉笔加深眉色即可。

3.眼妆

选比肤色略深的米色、褐色系眼影,由眼睫毛根部开始涂。眼睫毛根部的眼影可涂得略浓、略深一些,逐渐向上减淡色彩,直至眼影色消失在眼窝里,这样可以提升眼妆的层次感。上眼线从眼尾画到一半的距离,然后越来越淡,下眼线从眼尾往里画1/3即可。

4.唇妆

不画唇线,可只用润唇膏。若需改善唇色,宜用哑光透明的自然裸色或豆沙色的唇膏。

情境二 不同脸形的妆容技巧

一、圆形脸

特点:脸颊饱满,呈现弧度,长宽比为4∶3。

眉形:适宜带弧度的平缓眉形。

眼线:适宜标准形眼线。

唇形:宜标准唇形,可根据具体唇形做出相应调整。

二、方形脸

特点:前额与下颌等宽,脸形长宽相等。

眉形:更适宜上扬眉,眉形不宜过细过长。

眼线:在标准眼线基础上加强外眼角的描绘。

唇形:唇峰不宜过近,唇形宜描绘得圆润一些,下嘴唇以圆弧形为佳。

三、菱形脸

特点:额角偏窄,颧骨隆起,两腮消瘦,下颌收拢。

眉形:在基础眉形上自然舒展,适当加宽眉宇间距、延长眉尾。

眼线:根据眼睛的形状适当调整。

唇形：在基础唇形上适当增加唇的饱满感。

四、长形脸

特点：脸形瘦长，骨架明显。
眉形：眉形宜平、粗及长。
眼线：标准形眼线。
唇形：重点突出唇部丰润的效果。

五、三角形脸

特点：前额窄而下颌宽，显得稳重、踏实、富态。
眉形：眉间距可以适当加宽，增加眉毛的弧度和上扬感，眉毛不易过宽。
眼线：在标准眼线基础上加重对眼线尾部的描绘。
唇形：唇形不宜过小，可以凸显唇部的棱角感，唇角以微微上翘为佳。

六、倒三角形脸

特点：前额宽而下颌窄。
眉形：不宜过粗过长，适当缩短眉间距，眉峰略向前移。
眼线：标准形眼线。
唇形：强调唇部的丰润感，但避免唇部轮廓过大。

情境三　不同环境的妆容技巧

一、室外妆容

室外妆适用于自然光线。在阳光下，皮肤的优劣容易暴露无遗。因此，一定要扬长避短：肤质好的人，妆容可本色一些，更多地强调"天生丽质"；肤质差一些的人，妆容应相对重一些，更好地遮盖皮肤问题。

（一）要点
清新自然，可以根据场合在浓度上进行相应的调整。

（二）色彩
妆容的色彩可以明快一些，与室外活跃的气氛相适应，更多地表现职业能力和活力。

（三）防晒
室外用化妆品最好选用具有防晒功能的复合型产品。

（四）粉底色
因为室外光线充足，使用的粉底要尽量与肤色接近，不宜过白或过暗，避免妆面与肤色冲突。

（五）及时补妆
在室外稍不小心就会脱妆，要细心定妆并随身携带必需的化妆品及时补妆。

二、社交妆容

用于社交场合的妆容,其代表妆是晚宴妆。晚宴妆是在完全没有自然光下的妆容,较易表现轮廓感。

(一)选定主题

晚宴妆通常是在典型的暖色光下,或在气氛浓重的环境中使用的妆容,是化妆技艺中要求较高的妆型,通常有高贵、优雅、性感和冷艳四个主题。塑造哪一个主题,不仅需要与场合相适应,还要与服饰、气质、风度相配合,有的人可以适应四个主题,有的人只能适应一个或两个主题。

(二)强调层次感

晚宴妆的亮点是眼睛、唇膏和腮红。除了选择适宜的色泽之外,化好这些部位的层次也非常重要。如唇部外延涂抹色彩偏重的唇膏,有较好和精细的轮廓感;中部可选择浅色或白色唇膏,也可选富有光泽的唇彩或唇釉,产生生动的立体效果。

(三)色彩浓重

色彩是提高亮度的一个重要手段,通常晚宴妆着色要较平日更浓重一点。晚宴妆多用紫色、玫瑰红色、银灰色、蓝色等突出主题的色彩,可用带有荧光的眼影,凸出部分使用高光色,在晚间的灯光下与有光泽的服饰相辉映,可提高晚宴妆夺目的表现力。

【情境演练】

实操考核:办公室女职员妆容设计

一、考核时间

80分钟。

二、考核要求

1.考核前学生将所需的造型物品和配饰准备完毕。

2.模特需着便装。

3.妆容和发式要突出办公室女职员的特点。

4.妆容整体设计要干净、清晰。

三、评分标准

1.修眉:眉形修饰要适合脸形特点,不适合脸形特点的扣1分。(5分)

2.底妆:操作手法正确,涂抹均匀,厚薄适中。以上各项如有不符合的,一项扣1分。(5分)

3.画眉:眉形生动自然,适合脸形,浓淡适宜,左右对称,无生硬感。以上各项如有不

符合的,一项扣1分。(3分)

4.眼妆:眼影色彩柔和,与肤色、服装色协调,眼影晕染过渡自然、细腻,增加眼部神采,眼线描画自然、柔和,眼线线条整齐流畅,与眼形协调,睫毛修饰后自然上翘。以上各项如有不符合的,一项扣1分。(10分)

5.涂抹腮红:能较好地表现健康状况,效果自然。以上各项如有不符合的,一项扣1分。(5分)

6.涂抹唇膏:唇形符合妆型特点,唇色与肤色、妆色、服装色协调。以上各项如有不符合的,一项扣1分。(5分)

7.衔接:妆容衔接自然。妆容衔接不自然扣1分。(7分)

8.梳理发式:发式的选择与妆容特点及脸形、服饰相吻合。以上各项如有不符合的,一项扣2分。(10分)

9.整体效果:是否符合办公室职员的特点。(20分)

【情境拓展】

皮肤类型小测试

研究表明,虽然许多人知道自己的面部皮肤是油性还是干性,但其实这些判断往往并不准确。回答下列问题,回答"是"最多的那一类型反映了你目前的肌肤状况。

测试题:

1.A型皮肤(　　)。

A.面部虽然没有皱纹,皮肤摸起来却是粗糙的

B.只有使用粉底液才能让皮肤看起来细滑,使用粉底霜或两用粉饼时妆容就会显得不服帖

C.就算用非常滋润的洗面乳洗脸,洗完后依然有紧绷的感觉

D.经常面对电脑,经常加班

2.B型皮肤(　　)。

A.T区皮肤油腻,但两颊干干的

B.经常有痘痘的困扰

C.用手指指肚弹压皮肤,感到皮肤有弹性

D.长期曝晒于紫外线下

3.C型皮肤(　　)。

A.使用粉底后肤色也不均匀,并且鼻翼及两侧容易吸妆

B.距离镜子20厘米观察,有黑头或白头

C.多风季节,会有细小的丘疹出现

D.经常加班,有熬夜、抽烟的习惯

结果分析:

1.A型皮肤:缺水干渴型。面对电脑、通宵加班、无处不在的空调房、过度地清洁肌肤、水分摄入量不足都是导致皮肤缺水干渴的因素。夏日水果丰盛,可多吃柑橘、草莓、葡萄及猕猴桃等水果。每周应使用1~2次补水面膜,在皮肤严重缺水的情况下可以增加使用频次,但也不宜过多。

2.B型皮肤:外油内干型。泛油光是皮肤缺水的表现,在控油的同时不可忽视补水保湿。若想获得清爽的面容需要内外兼修,保持规律的生活作息,保证充足睡眠,控制油煎、油炸等高热量食物的摄取量。如果经常出差或在干燥的空调房中可以随身携带一瓶喷雾,偶尔为皮肤补补水。在易出油的T区部位使用不含油的凝露,较干燥的双颊可以使用乳霜,护肤产品仍应以控油补水为主。

3.C型皮肤:毛孔粗大型。缺水、油脂分泌过多及老化都会令毛孔粗大,工作压力大、污染及吸烟也都是令毛孔粗大的因素。缩小毛孔的关键在于保证皮肤细胞间充足的水分,细胞间的空隙变小进而往表皮层推挤后,毛孔自然就会变小。对于毛孔粗大的部位,需要使用具有毛孔紧致及保湿功效的精华素进行特殊护理。

职业发式设计

模块五

引 例

就读会计专业的小王品学兼优，一毕业就兴致勃勃地去当地人才交流中心应聘。尽管有多家企业需要会计专业的毕业生，但小王走了几家用人单位均不被理会。小王使出了浑身解数终于打动了一家招聘单位的人力资源部负责人，负责人打量了小王的仪容仪表后叹了口气，说："从你的应聘材料和现场表现来看，还真是我单位需要的人才，但你这发式与我们的企业文化不太适应。先给你一张表格填写，如果你能改变发式，三天以后可以到人力资源部面试；如不能改变，就不用来了。"

小王真的没想到，被多家用人单位拒绝的原因竟然是自己颇为满意的、具艺术家风度的发式。

头发乃是人们头部最好的装饰品。然而谁不知道，头发一旦生得太长（我说的不是女人）就会成为一种足以显出思想轻浮而且有害的征象。

——俄国剧作家契诃夫

按照一般习惯，人们注意、打量他人，往往从头部开始，正所谓"上看头，下看脚"。而头发位于人体的"制高点"，所以就更容易引起他人的重视，头发整洁、发式大方是个人礼仪对发式美的基本要求。发式是人的第二面孔，恰当的发式会使人容光焕发、风度翩翩、生气勃勃。

现代的发式是人们根据不同的需求和愿望，为了达到特定的效果，体现不同的个性和审美标准而设计的。

发式是一种造型艺术，是美化自身、表现自我的生活艺术，它以其独特的美影响着人们的生活。它必须与习俗相宜，准确地体现人们的文化内涵、审美要求及职业特点。成功的发式设计应具有相应的艺术感、和谐的轮廓线条、明晰的发纹质地、强烈的感染力，并透视出设计对象的人格魅力。

情境一　发式设计的技巧

一、发式与头形的协调

人的头形大致可以分为大、小、长、尖、圆几种形状。

（一）头形大

不宜烫发，最好剪成中长或长的直发，也可以剪出层次，刘海儿不宜梳得过高，最好能盖住一部分前额。

（二）头形小

头发要做得蓬松一些，长发可烫成蓬松的大花，但不宜留得过长。

（三）头形长

由于头形较长，故两边头发应吹得蓬松，头顶部不要吹得过高，应使发式横向发展。

（四）头形尖

头形上部窄，下部宽，不宜剪平头，剪短发烫卷时将顶部压平一点，两侧头发向后吹成卷曲状，使头呈椭圆形。

（五）头形圆

刘海处可以吹得高一点，两侧头发向前面吹，不要遮住面部。

二、发式与脸形的协调

头发与脸部处于相邻状态，利用发式来修饰脸部缺陷，改善脸部的视觉形象具有非常重要的意义。

（一）圆形脸

圆形脸又叫娃娃脸，具体特征是脸形偏短、下巴浑圆。女士在设计发式时，要注意交替运用衬托法和遮盖法。不要分层剪头发，因为头发贴在脸上，会使脸看上去更大。针对这样的脸形设计发式，一方面，要设法将头顶部位的头发梳高，避免头发遮住额头，使脸部视觉拉长；另一方面，要巧妙地利用头发遮住两颊，使脸颊宽度减小。发线的设计可选择侧分式。对于圆形脸男士，选择短小型发式效果比较好，鬓角可以修剪成方形，头顶部位选择平面造型的寸发。

（二）长形脸

长形脸女士适合设计优雅活泼的发式，以缓解由于脸形偏长而形成的严肃感。在设计发式时，应注意适当加厚脸部两侧的头发，以增加量感。发线宜采用侧分式，脸会显得稍圆。头顶的头发不能太高，以免使脸显得更长。不宜留平直、中间分缝的头发，不宜把头发剪得太短或全部往后梳。头发长至耳根，前额稍剪些刘海，会使脸显得短。如果一定要留长发，可以在前额处留刘海儿，也可以在两边修些短发，盖住脸庞。对于男士，应避免短小型发式或向后梳理的后背发式。

(三)方形脸

方形脸女士的发式设计要点是切角成圆、以圆盖方。头发要有高度,使脸显得稍长,不宜太短、太平直或中分的发式,会使脸显得更方。宜在颈部结低发髻,以强调优雅感,或让头发披在两颊,以减小脸的宽度。发线侧分,会增加蓬松感,头发一边多,一边少,造成鸭蛋脸的感觉。亦可选择长直发式,以前额部分的散发帘遮盖两个额角,层次参差、长短变化的发梢可掩饰两腮部位,缓和脸的方正,表现效果自然、和谐。男士适合厚底刘海,使脸整体看起来很有立体感。

(四)菱形脸

菱形脸上下偏窄,中部偏宽,通常颧骨较高。不宜中长发式,应重点考虑颧骨突出的地方,用头发修饰一下前脸颊,把额头的头发做蓬松以增加额头发量,如毛边发式、短穗发等。女士适合选择蓬松的大波浪发式来增加侧面头发量感,以便遮盖颧骨,增加脸形柔性。发线可侧分,自眉上斜伸向外。男士发式不适宜过短,两侧的轮廓宜圆顺、丰满,前额可采用侧分发式。

(五)正三角形脸

正三角形脸不宜留长直发,适于采用显得前额较宽的发式。如采用中分或侧分发式,头发蓬松向左或向右分披,强化侧部头发的量感,以发梢微遮两颊为宜。女士以中长或长发发式为宜,刘海儿可削薄薄一层并垂下,剪成齐眉的长度较好,使额头隐隐约约露出,用较多的头发修饰腮部。发式两侧至后部要修剪出层次,发梢从两侧向后逐渐变长,后部呈 V 形。两侧参差的发丝对于宽阔的腮部具有同样的修饰效果。表现风格活泼,富有动感。发线自中心向外侧斜伸。男士发式上部应造型饱满,两鬓略厚,整体轮廓的线条从腮部圆顺下去,可减缓原有脸形的缺陷。

(六)倒三角形脸

倒三角形脸的特点是前额较宽,两颊及腮部内收,下颌窄尖,显得单薄,缺少生气。女士做发式时,重点注意额头及下巴,刘海儿可以做齐一排,头发长度超过下巴 2 厘米为宜,并向内卷曲,使下巴显得宽一些。这种脸形可选择短发或中长发,发线采用直线中分,上部剪成贴伏发式,两侧头发长至下颌处或下颌之下,下部蓬起。男士可以采用偏分斜刘海短发发型,既修饰宽额头也富有时代感。

三、发式与五官的协调

(一)高鼻梁

设计发式时,可将头发柔和地梳理在脸的周围,从侧面看可以缩短头发与鼻尖的距离。

(二)低鼻梁

应将两侧的头发往后梳,拉长头发与鼻子的距离。

（三）大耳朵

不宜剪平头或太短的发式,应留盖耳的长发式,且要蓬松。

（四）小耳朵

太多、太厚的头发不宜夹在耳朵上,长毛边发式往后梳时可用装饰发夹。

（五）宽眼距

头发应做得蓬松一点,不宜留长直发。

（六）窄眼距

发型可以对太阳穴进行遮挡,以此协调五官比例。

四、发式与体型的协调

发式与体型之间的关系,应是相互依存、相互衬托的,发式处理得好,对体型能起到扬长避短的作用,反之就会夸大体型缺点,破坏人的整体美。如能掌握这一准则,根据个人的具体条件选择相应的设计方案,就可获得与整体形象和谐的完美发式。

（一）矮小型

体型矮小的人看上去小巧玲珑,在发式选择上要与此特点相适应。发式应以秀气、精致为主,盘发有身材增高的错觉。发式应避免粗犷、蓬松,否则会使头部与整个形体的比例失调,产生大头小身体的感觉。身材矮小者也不适宜留长发,长发会使头部显得更大,破坏人体比例的协调。烫发时应将花式、块面做得小巧、精致一些。

（二）矮胖型

矮胖者显得健康,要利用这一点打造健康美,比如运动式发式。尽可能让头发向高度发展,显露脖子以增加身体高度感。矮胖者一般脖子显短,因此不要留披肩长发,并避免头发过于蓬松。

（三）高大型

高大者给人一种力量美,但对女性来说缺少苗条的美感。发式上总的原则是简洁、明快及线条流畅。中长直发有秀气感,短发有彰显头颈部曲线的效果,也可酌情梳直长发、长波浪、束发、盘发及中短发式。

（四）高瘦型

高瘦者的特点是身形细长、头小、颈细及肩窄等,整体效果比较平板,缺少生气。发式要求生动饱满,宜留长发、直发,头发长至下巴与锁骨之间较理想,且要使头发显得厚实、有分量。长卷发的效果较好,蓬松的曲线发丝披在肩和背上,既可掩饰身形的单薄,又富有表现力。避免将头发梳得紧贴头皮,将头发削剪得太短薄、高盘于头顶或将头发理得过于蓬松。

（五）菱形

菱形体型又称为枣核体型,特征是上下偏窄,中间偏宽,感觉像是枣核,外观整体缺少曲线。宜梳中长发式,头顶部位要修剪得相对蓬松一些,发梢可烫一下,做成外翻式,也可以修剪成发梢参差层次的虚发。不宜梳短发或超短发式,会更加重上部偏窄的感觉,而中部则会显得更宽。

(六)头部偏大型

该体型头部比例偏大,给人以沉重、不秀气的感觉,宜梳短发或超短发式。要避免卷发或长发,尤其不要盘发,这样会增加头部的负担,给人以头重脚轻之感。

(七)头部偏小型

该体型头部比例偏小,给人以没有朝气的感觉。宜梳长发、中长发式(直发、卷发均可)。如果一定要梳短发发式,宜用外翻发式,有强化头部曲线的效果,使整体具有活力。不宜超短发式,会完全暴露头部轮廓造型,显现头部偏小的缺憾。

五、发式与发质的协调

(一)直发质

这类发质很容易修剪得整齐,做出比较简单大方的发式。应避免复杂的花样,在做发式前可将头发稍微烫一下,略带波浪会显得蓬松。在卷发时可用大号发卷,看起来比较自然。

(二)细软发质

这类发质细而软,有一定的弹性,往往难以表现一定的发容量,柔软的头发比较服帖,宜剪成俏丽的短发,将刘海儿斜披在额前,横发向后梳,耳朵露在外面。如果这样梳理头发不顺易散乱的话,可将该处的头发削一下,亦可在耳后别一个发卡。

(三)自然卷发质

这类发质本身细小弯曲,有的呈自然卷花状态,俗称"自来卷"。不需要烫发,只要利用好卷发的自然属性,就能做出各种漂亮的发式。如果将头发剪短,卷曲度就不太明显,而留长发则会显示出其自然的卷曲美。头发在修剪过后,某些地方可能会翘,可在洗头之后用毛巾擦干,然后用吹风机吹,用发梳梳顺,并用手指轻压,就能定型。

(四)粗硬发质

这类发质难做卷,稍不留神整体头发就会像刺猬一样竖起来。发式设计上尽量避免复杂,仅用吹风机和发梳就能梳好发式,适宜采用半长、向内或向外卷的发式。

六、发色的搭配

(一)黑色头发的搭配

肤色:任何肤色。

发式:垂坠感十足的披肩直发、中分的露额无刘海儿长卷发。

妆容:自然妆容,浅冷色系或端庄的正红色系。

服饰:沉稳的深灰色系、典雅的蓝色系和酒红色等。

(二)深棕色头发的搭配

肤色：任何肤色，肤色白皙者尤佳。

发式：直发或微卷的长发、大方的齐耳短发。

妆容：自然妆容，冷暖色系皆宜，尤其适宜雅致的灰色系。

服饰：经典的黑色与白色、优雅的紫色、大方的藏青色和米色系等。

(三)浅棕色头发的搭配

肤色：白皙或麦芽肤色、古铜肤色者均可。

发式：清爽而有动感的短发、亮丽的大波浪长卷发。

妆容：冷暖色系皆宜，建议尝试清爽明快的水果色系的妆容。

服饰：清新的浅黄色、浅蓝色、浅绿色，亮丽的银色与橙色。

(四)铜金色头发的搭配

肤色：白皙或麦芽肤色，也适宜肤色微黑的人。

发式：时尚造型的短发、有层次的齐肩直发。

妆容：冷暖色系皆宜，建议尝试透明妆或水果色系。

服饰：纯度高的黑色、白色与红色，明丽的金色、橙色与天蓝色。

情境二　头发的养护

一、头发的基础养护

(一)饮食起居

饮食起居稳定均衡，体内的代谢运作才会正常，毒素才会随之排去。除此之外，多食新鲜果蔬、动物肝脏、乳类制品等，和富含维生素 B_6（如牛肉、肝脏）、维生素 A（如胡萝卜、菠菜）、维生素 C（如橘子、番茄）、蛋白质（如奶酪、酸奶）的食物，可促进头发生长、防止脱发，平日可多源摄取。

(二)洗发

洗发要定时进行。洗发的作用是避免头屑、污垢堵塞头皮的皮脂分泌孔，使头皮不致发痒，避免产生头发枯燥和脱发现象。洗发时间间隔要根据发质等因素灵活把握，以保持头发柔润、光泽与卫生。

洗发就如同护肤一般，必须从基本的清洁工作做起，完整的清洁工作才能除去阻碍养分吸收的物质，后续的滋养动作才能有效。首先，将洗发水置于掌心，揉搓起泡后涂抹于头发上，由发根洗至发梢，并让头发自然垂下，用指腹轻推按摩头皮各处，来回两三次，能够增进头皮健康、促进血液循环。接下来以流动的温水徐徐冲洗，太热的水会导致头皮过度干燥。发梢需仔细清洗，才能吸收到营养。

(三)护发

头发可以通过鳞状表层进行呼吸和吸收养分，尤其对于长发，鳞状表层的功能就显得更为重要,洗完头之后可以使用护发素进行养护。使用时,将护发素涂抹在头发上,由头皮至发梢,揉进头发各部位,再使用清水冲洗干净。洗净后,可用宽齿梳从头顶梳至发梢,并用毛巾包裹头部,让护发素的保湿成分得以完全发挥。

(四)梳发

梳头可以去掉头发上的浮皮和脏物,还能刺激头皮,促进头部血液循环,防止因营养不良而造成白发、黄发和脱发现象,使得头发柔软而有光泽。同时,梳头还可消除用脑过度导致的头胀、麻木等。

每天早晚用发梳梳理头发,每次3分钟,约100下,有保持头发润泽的作用,有助于头发的良好透气,防止脱发及产生头屑。梳头时要用干净的发梳。如果发现梳齿弯曲不直,应当另换一把。

(五)洗后的护理

吹风机会将发丝上的水分吹干,而自然风干可以避免发丝的水分过分流失,也不会对头发造成人为的伤害。洗完头发后要先用毛巾轻压的方式将湿头发擦干、梳开,然后再用吹风机吹干。吹风机是伤害发质的原因之一,应尽量缩短吹整时间,而且与吹风机之间的距离要拉开一些。

(六)头皮瘙痒的防治方法

保持头发的清洁是防治头皮瘙痒的根本,应注意清除头皮上的污物,保持皮肤清洁,头皮瘙痒可逐渐减轻或消失。脂溢性皮炎是由于头皮的皮脂分泌过多而导致的,为使头发洁净,应每日清洗,通过梳拢和按摩等方法进行保养。干性头皮由于皮脂分泌少,头皮干燥,易引起头皮发痒,应补充油分防止干燥。

二、发梳的选择

发梳的质地、弧度,梳齿的弹性和疏密程度,都与头发和头皮的保养程度密切相关。现举例说明以下发型可选择的发梳。

(一)易断而又缺乏弹力的长发

防静电榉木能加强层次和弹力,又不会弄得发丝飞扬,且能轻柔地梳开缠结的发丝,圆钝的木发针对头皮还有按摩功效。

(二)丰厚的长卷发

用粗发针的发梳易于保持头发本身的弹性,所以适用的发式是丰厚的长卷发。镀有金属的发针防静电,柔软的气囊可以使发针富有弹性,不伤头皮,经高温处理过的树脂发梳可以耐浴室高温、高湿的环境。

(三)发梢微曲的长发

要梳出一头动感、有光泽的头发,尤其是发梢微曲的头发,适宜用尼龙短齿圆发梳,可梳出微曲发尾,且不会卷成一团。

（四）细软的短发

嵌有猪鬃的发梳适于头发细软的人使用，发针对头皮的刺激非常小，可以减少脱发。

（五）少发、细发

对于头发少或头发细的人来说，使用金属空心的圆发梳梳发，可利用吹风机的热力效果令整体发式更富层次感。

（六）天然卷发

拥有天然卷发的人若想将发丝吹直，可用混合尼龙和猪鬃的圆发梳，尼龙可拉紧发丝，猪鬃则可赋予光泽。

【情境演练】

设计、梳理发式

一、课前准备

教师通知学生把自己的头发梳理好，以准备参加面试的心态来上课。

二、活动目的

让学生实际体会仪容设计从"头"开始，懂得好的发式是彰显一个人职业形象的关键。同时，通过他人评价学会选择适合自己的发式。

三、活动步骤

1. 全班分成几组，小组成员之间互评。
2. 根据座位，每名学生都要请旁边的一位同学进行评价。
3. 对被评人的发式，按表 5-1 要求将评价结果填写完整。

表 5-1　　　　　　　　　　　评价表

被评人姓名：　　　　性别：　　　班级：　　　专业：

序号	评价要素	小组评定成绩					
1	脸形与发式	优秀		良好		及格	
2	季节与发式	优秀		良好		及格	
3	饰物与发式	优秀		良好		及格	
4	洁净度与发式	优秀		良好		及格	
5	发式禁忌	将禁忌的现象描述出来，防止以后出现：					

【情境拓展】

头发健康小测试

光泽度、韧度、顺滑度是评价健康秀发的三大标准。

一、光泽度测试

必备物品：一把发梳、一面镜子、一盏灯（使光能从头顶上照下来，太阳光也可以）。

操作方法：用温和的洗发水清洁头发，同时使用润发产品，但注意避免使用加重头发负担的定型产品。

中分清洁后的头发，梳平梳顺。

在正对面放一面镜子，位置以使自己能够从中清楚看到头顶为准。

使灯光从头顶射下来，形成一个皇冠似的圆晕。

推断：圆晕越亮，头发的光泽度就越好。护理有加的头发表面平滑，能很好地反射照在上面的灯光，而且自身散发着光泽。当头发卷曲、粗糙时，灯光是分散的，就显得头发暗淡无光。把头发从一边梳向另一边，光泽度好的头发在滑动时头顶的光晕也在不断滑动。如果是卷发，灯光在发卷的顶端会形成反光，没有光晕就该实施以下方案给头发"上光"了。

上光处方：使用一些含有硅树脂成分或泛酰醇（或两者兼有）的护理产品，它们能使头发变得更为光亮。另外，适当使用具有光亮效果的定形产品，也会给头发的光泽度加分。

二、韧度测试

必备物品：一把剪刀、一杯水。

操作方法：在洗头之前，剪下一束大约一寸长的头发，将其置入水中。

推断：无论健康还是严重受损，所有的头发开始都会浮在水面上，然后逐渐下沉。发质差的头发容易吸水，下沉得快，发质好的头发会缓缓下沉。发质的好坏，在30秒钟内就能看出来。

强发处方：最好每周定期使用额外的控油产品，特别是具有修复发芯空洞功能的产品。另外每晚使用一些免洗的润发精华也是不错的日常保养方法。

三、顺滑度测试

操作方法：用发梳从上到下梳理头发，然后握住一把头发的末梢用力搓揉，看末梢处是否开叉和断裂。

推断：如果发梳总是在相同的地方被阻滞，那这个地方的头发就是最脆弱、最干燥的。虽然会有打结，但每次并非都停滞在同一个地方，说明打结只是头发很自然不小心地绕在一起。

顺滑处方：洗发时使用护发素；每周至少用一次发膜护理；尽量不染发，在必须染的情况下减少染发频率；洗发后自然风干；少用头发定型产品；经常按摩头发。

【下篇：行为系统——言谈举止层】

模块六 职业口才锤炼

引 例

中央电视台"东方时空"栏目做了一期《杨利伟怎样成为我国进入太空第一人》的节目,被采访的航天局负责人说了三个原因:一是杨利伟在五年多的集训期间,训练成绩一直名列前茅;二是杨利伟处理突发事件的能力特别强,在担任歼击机飞行员时,多次化解飞行险情;三是他的心理素质好,口头表达能力强,说话有条理、有分寸。

航天局负责人还透露了这样一个细节:在最终选拔的三人中,确定谁为首飞候选人之时,三人各方面都十分优秀,难分高下,最终考虑到作为我国第一个进入太空的宇航员,将举世瞩目、接受新闻媒体的采访,还将进行巡回演讲,才最后决定让口才好的杨利伟首飞。

赠人以言,重如珠玉;伤人以言,甚于剑戟。

——春秋军事家孙子

"一人之辩,重于九鼎之宝;三寸之舌,强于百万雄师。"这,就是口才的魅力。一言可以兴邦,片语可以辱国。这,就是口才的威力。

"言为心声",口才是一个人的素养、能力和智慧全面而综合的反映。人们的思想、品德、情操、志趣、文化素养以至人生观、世界观等,都可以通过语言得到一定的表现。在现代生活中,人们越来越重视口才方面的知识和修养,并提出"知识就是财富,口才就是资本"的新理念。

有口才的人说话具有"言之有物、言之有序、言之有理、言之有情"等特征。

有学者将口才明确地定义为:在口语交际的过程中,主体运用准确、得体、生动、巧妙、有效的口语表达策略,达到特定的交际目的,取得圆满交际效果的口语表达的艺术和技巧。

口才的锤炼过程,也是一个思维的训练过程、学识的增长过程和世界观的形成过程。语言是传播与交流思想的主要载体,讲话方式和讲话者的音质与职业形象密不可分。

情境一　普通话基础知识

语言是传播与交流思想的主要载体,是人类重要的交际工具。

一、普通话概说

我国历史悠久,幅员辽阔,方言种类繁多。这一方面促进了同一区域人们之间语言交流的异彩纷呈,但另一方面也严重阻碍了各地区人们之间语言交流的顺畅进行,甚至在一定程度上影响了国际的沟通与交流。

普通话有鲜明的特点:声调变化高低分明,音节响亮,节律感强,语汇丰富精密,句式灵活多样。"普通"二字有"普遍"和"共通"的含义,河北省承德市滦平县是普通话标准音的主要采集地。

1956年2月6日,国务院发出关于推广普通话的指示,并补充了对普通话的定义:"以北京语音为基础音、以北方话为基础方言、以典范的现代白话文著作为语法规范的现代汉民族共同语。"

1997年,经国务院总理办公会议批准,确定每年9月的第三周为全国推广普通话宣传周。

2001年1月1日《中华人民共和国国家通用语言文字法》正式施行,这是我国第一部语言文字方面的专项法律。

普通话作为联合国工作语言之一,已成为中外文化交流的重要桥梁和外国人学习汉语的首选语言。

2021年6月2日,教育部举行新闻发布会,介绍2020年中国语言文字事业发展状况和中国语言生活状况。调查数据显示,全国范围内普通话普及率达到80.72%,圆满完成语言文字事业"十三五"发展规划确定的目标。

二、语音训练

(一)语音基础知识

语音是语言的表现形式,是语意的依托。

1.音素、音节

(1)音素

音素是最小的语音单位,普通话共有32个音素。根据音素的发音特性,可以把音素分为元音和辅音两类。

①元音。普通话中有10个元音:a、o、e、ê、i、u、ü、er、-i(前)、-i(后)。

②辅音。普通话中有22个辅音:b、p、m、f、d、t、n、l、g、k、h、j、q、x、zh、ch、sh、r、z、c、s、ng。

(2)音节

一个汉字的读音就是一个音节(儿化韵除外)。音节由音素构成,一个音节最多由4个音素构成。如:啊 ā(1个音素)、大 dà(2个音素)、海 hǎi(3个音素)。

2.声母、韵母、声调

(1)声母

声母就是以音节开头的辅音,根据发音部位的不同分为七类:

①双唇音：b、p、m。
②唇齿音：f。
③舌尖前音：z、c、s。
④舌尖中音：d、t、n、l。
⑤舌尖后音：zh、ch、sh、r。
⑥舌面音：j、q、x。
⑦舌根音：g、k、h。

(2) 韵母

韵母是指一个音节中声母后面的部分。普通话共有 39 个韵母，其中 23 个由元音构成（单元音或复合元音），16 个由元音附带鼻辅音韵尾构成。韵母可以从两个不同角度分类，见表 6-1。

表 6-1　　　　　　　　　　普通话韵母总表

按结构分	按口型分			
	开口呼	齐齿呼	合口呼	撮口呼
单韵母	—i(前) —i(后)	i	u	ü
	a	ia	ua	
	o	后响复韵母	uo	
	e			
	ê	ie		üe
	er			
复韵母	前响复韵母 ai	中响复韵母	uai	
	ei		uei	
	ao		iao	
	ou		iou	
鼻韵母	前鼻 an	ian	uan	üan
	en	in	uen	ün
	后鼻 ang	iang	uang	
	eng	ing	ueng	
			ong	iong

(3) 声调

声调，指发音时贯穿于整个音节的高低升降变化。

①调值。调值是声调的实际读法，也就是音节的高低、升降、曲直及长短的变化形式。普通话有四种调值，为了把调值描写得具体、易懂，一般采用语言学家赵元任创制的"五度标记法"来标记声调。五度标记法如图 6-1 所示。

图中，竖线四格五点表示五度音高，横线、斜线、曲线分别表示四个声调的音高变化，也就是声调的大致调型。

②调类。调类是声调的种类，就是把调值相同的字归纳在一起所建立的类。普通话

图 6-1　五度标记法

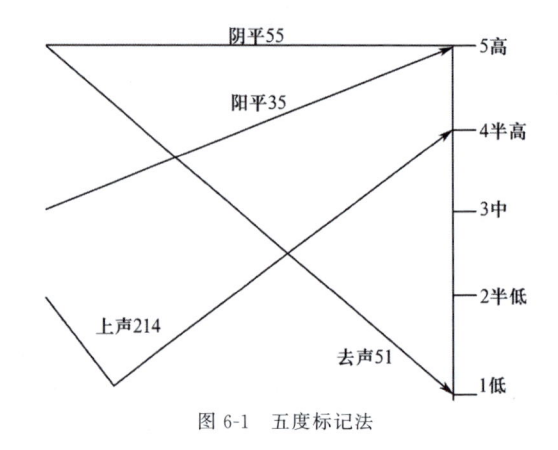

有四种基本的调值,因而有四个调类,即阴平声、阳平声、上声、去声。调类名称也可以用序数表示,称一声、二声、三声、四声,简称为"四声"。

③调号。调号就是标调的符号,即—(阴平)、/(阳平)、∨(上声)、\(去声),调号要标在音节的重要元音上。

声调见表 6-2。

表 6-2　　　　　　　　　　声调

序号	调类(四声)	调号	例字	调型	调值	调值说明
1	阴平	—	妈 mā	高平	55	起音高高一路平
2	阳平	/	麻 má	中升	35	由中到高往上升
3	上声	∨	马 mǎ	降升	214	先降然后再扬起
4	去声	\	骂 mà	全降	51	从高降到最下层

3.语流音变

人们在说话时,不是孤立地发出一个个音节(字),而是把音节组成一连串自然的"语流"。在语流中,由于受到相邻音节的相邻音素的影响,一些音节中的声母、韵母或声调会发生语音的变化,称之为语流音变。

(1)变调

音节和音节连续读出,有些音节的声调发生了一定的变化,这种变化就叫作变调。变调是自然的音变现象,对语言的表达没有影响。例如:"演""讲"连着念,听起来像是"严讲",但听者知道表达的依然是"演讲"的意思。变调情况多数是由后一个音节声调的影响引起的。在普通话中,常见的变调有上声变调、"一"与"不"的变调和叠字形容词的变调。

①上声的变调

上声在普通话的四个声调中音长最长,上声字单念或在词语、句子的末尾时,其调值不变。但处在阴平、阳平、去声和上声字之前时,其调值都有所变化。

上声＋阴平,例如:

语音、好听、两张、买车
上声＋阳平，例如：
语言、好玩、两条、买房
上声＋上声，例如：
语法、好笔、两碗、买米
上声＋去声，例如：
语义、好墨、两块、买布

竖行比较上列各词，很容易感觉到上声在阴平、阳平、上声和去声字前有两种不同的变调，两个上声音节相连，前一音节的上声调值显然和处在其他三声之前大不相同。

A.双音节：如果两个上声相连，前一个变为阳平，调值为35。例如：

美好、委婉、冷饮、指导、保险、手表、理想

B.三音节。三个上声音节相连，根据音节之间结合的紧密程度不同，变调分为两种情况。

a.如果词语的结构是双音节＋单音节（双单格），那么前两个音节都变为阳平，调值为35。例如：

展览馆、草稿纸、打靶场、选举法

b.如果词语的结构是单音节＋双音节（单双格），那么第一个音节变为半上，调值为211，第二个音节变为阳平，调值为35。例如：

好产品、女领导、买雨伞

②"一"与"不"的变调

A."一"的变调。

a."一"单念，在词句末尾，表示序数、基数或后面跟着别的数词时，读本调阴平。例如：

始终如一、统一、第一、十一、一九九一年

b."一"在去声前读阳平。例如：

一半、一定、一度、一会儿、一唱一和

c."一"在非去声（阴平、阳平、上声）前，读去声。例如：

一心、一边、一年、一口、一起

d."一"夹在重叠动词中间读轻声。例如：

听一听、谈一谈、想一想、看一看

B."不"的变调。

a."不"单念，在词句末尾或非去声（阴平、阳平、上声）前读本调去声。例如：

我决不、不说、不玩、不写。

b."不"在去声前读阳平。例如：不错、不去、不对、不够。

C."不"夹在重叠动词或形容词之间，或用在作补语的动词、形容词之前时，读轻声。例如：

信不信、听不听、好不好、看不清、打不开

③叠字形容词的变调

A.单音节形容词重叠(AA式)

a.第二音节原字调是非阴平时,声调可以变为55,也可以不变。例如:

满满、大大

b.儿化时,第二个音节不论本调是什么,往往变成阴平,调值是55。例如:

长长儿(的)、好好儿(地)

B.单音节形容词的叠音后缀(ABB式)

不论原来是什么声调的字,都要读成阴平,调值是55。例如:

亮堂堂、沉甸甸

C.双音节形容词重叠(AABB式)

第二个音节变成轻声,后面的第三、四个音节都读阴平,调值是55。例如:

舒舒服服、清清楚楚

(2)轻声

轻声是一种特殊的变调现象。由于它长期处于口语轻读的位置,失去了原有声调的调值,又重新构成自身特有的音高形式,听感上显得轻短模糊。

①轻声的作用。

A.区别词义。例如:

东西:dōng xī(方向)　　　　　　　dōng xi(物体)

地方:dì fāng(对"中央"而言)　　　dì fang(处所)

B.区分词性。例如:

大意:dà yì(名词,主要内容)　　　dà yi(形容词,不小心)

人家:rén jiā(名词,住户)　　　　rén jia(代词,指别人,也可指自己)

C.区分词和短语。例如:

是非:shì fēi(正确和错误)　　　　shi fei(纠纷、口舌)

东西:dōng xī(东边和西边)　　　　dong xi(各种事物)

②轻声发音。轻声比较灵活,可分为规律性较强和规律性不强两种。

A.规律性较强的轻声词。

a.助词和语气词一般读轻声。例如:

的、地、得、了、着、过、呢、吗、啊

b.名词、代词的后缀读轻声。例如:

孩子、我们、上头、下面

c.叠音词的第二个音节读轻声。例如:

妈妈、星星、马马虎虎、商量商量

d.动词的某些结果补语读轻声。例如：

站住、打开、关上

e.部分词语的衬字读轻声。例如：

糊里糊涂、丁零哐啷、黑不溜秋

B.规律性不强的轻声词。双音节词的后一个音节习惯上念轻声。例如：

窗户、豆腐、道理、动静、消息、干部、清楚、新鲜、客气、事情、愿意、分量、眼睛

③轻声绕口令训练。

屋子里面有箱子，箱子里面有匣子，匣子里面有盒子，盒子里面有镯子。镯子外面有盒子，盒子外面有匣子，匣子外面有箱子，箱子外面有屋子。

(3)儿化韵

词尾"儿"本是一个独立的音节，由于在口语中处于轻读的地位，长期与前面的音节流利地连读而产生音变，"儿"(er)失去了独立性，"化"到前一个音节上，只保持一个卷舌动作，使两个音节融合成一个音节，前面音节里的韵母或多或少地发生变化。

①儿化韵音变规律(表 6-3)。儿化韵音变的基本性质是使一个音节的主要元音带上卷舌色彩。(－r 是儿化韵的形容性符号，不把它作为一个音素看待。)

表 6-3　　　　　　　　　儿化韵音变规律

韵母或尾音	儿化	实际读音	
韵母或尾音是 a、o、e、ê、u	直接卷舌	号码儿(mǎr) 粉末儿(mòr) 草帽儿(màor)	开花儿(huār) 书桌儿(zhuōr) 台阶儿(jiēr)
尾音是 i、n	丢 i、n 卷舌	盖盖儿(gàr) 心眼儿(yǎr)	刀背儿(bèr) 窍门儿(mér)
韵母是 i、ü	加 er	玩意儿(yìer) 猪蹄儿(tier)	毛驴儿(lüer) 侄女儿(nüer)
韵母是－i	丢－i 加 er	写字儿(zèr) 铁丝儿(sēr)	树枝儿(zhēr) 锯齿儿(chěr)
韵母是 ui、un、ün、in	丢 i 或 n 加 er	麦穗儿(suèr) 合群儿(qúer)	三轮儿(lúer) 没劲儿(jièr)
尾音是 ng	丢 ng 卷舌 元音鼻化	电影儿(yǐr)	帮忙儿(már)

音节儿化后发音的变化有两种情况：一种是儿化后韵母不变，只是在读该音节时，韵母同时加一个卷舌动作，例如："(号)码儿(mar)"，"码"虽然儿化了，但韵母还是 a；另一种是儿化后，原韵母发生了变化，出现了增音减音现象。

②儿化的作用。

A.区别词义和词性。例如：

画(动词、名词)——画儿(名词)

堆(名词、动词)——(一)堆儿(量词)

B.表示温和、喜爱或蔑视的感情色彩。例如：

小河儿、红花儿、女孩儿、小丑儿

C.形容细小、轻微的状态和性质。例如：

窟窿眼儿、纸条儿、针尖儿、头发丝儿

D.表示时间短暂。例如：

一会儿、待会儿

E.简化词语。例如：

味道——味儿、今天——今儿、这里——这儿

F.使不同音节的词同音。例如：

牌儿——盘儿、带儿——蛋儿

③儿化韵绕口令训练。例如：

进了门儿，倒杯水儿，喝了两口运运气儿，顺手拿起小唱本儿，唱了一曲儿又一曲儿，练完了嗓子练嘴皮儿。绕口令儿，练字音儿，还有单弦儿牌子曲儿，小快板儿，大鼓词儿，越说越唱越带劲儿。

(4)语气词"啊"的音变

"啊"用在句尾作语气助词时，由于受前一音节末尾音素的影响，常常会发生音变现象。其音变规律见表6-4。

语气词"啊"的音变

表6-4　　　　　　　　语气词"啊"的音变规律

前字韵腹或韵尾加 a	"啊"的音变	规范写法	举例
a、o、e、ê、i、ü 加 a	ya	呀(啊)	鸡呀、写呀、他呀
u(含 ao、iao)加 a	wa	哇(啊)	苦哇、好哇、有哇
n 加 a	na	哪(啊)	难哪、新哪、弯哪
ng 加 a	nga	啊	娘啊、香啊、红啊
-i(前)加 a	[za]	啊	几次啊、写字啊、无私啊
-i(后)、er 加 a	ra	啊	是啊、值啊、吃啊

①变化规律

A.前面音节末尾音素是 a、o(ao、iao 除外)、e、ê、i、ü 时，读作 ya，写作"呀"。例如：

要注意节约呀(yuē ya)

B.前面音节末尾音素是 u(包括 ao、iao)时，读作 wa，写作"哇"。例如：

一起走哇(zǒu wa)

C.前面音节末尾是 n 时,读作 na,写作"哪"。例如:

一定要注意看哪(kàn na)

D.前面音节末尾音素是 ng 时,读作 nga,写作"啊"。例如:

放声唱啊(chàng nga)

E.前面音节末尾音素是舌尖前元音-i 时,读 za([z]是国际音标的浊音),写作"啊"。例如:

这是什么字啊(zì [z]a)

F.前面音节末尾音素是舌尖后元音-i 或卷舌元音 er 时,读 ra,写作"啊"。例如:

玩儿啊(wánr ra)

②"啊"的音变绕口令训练

你快瞧这幅画儿啊(ra),上面的山哪(na)、水呀(ya)、树哇(wa)、房子啊(za)、田野呀(ya),画得多像啊(nga)!

看哪(na),那画面上的小孩儿们玩得多欢哪(na)!还有牛哇(wa)、羊啊(nga)、猪哇(wa)、鸡呀(ya)、鸭呀(ya),都跟活的似的,这画画得可真好哇(wa)!

真怪呀(ya)!鸡呀(ya)、鹅呀(ya)、猫哇(wa)、狗哇(wa),一块在河里游哇(wa)!

(二)发声技能训练

1.气息

"气乃音之帅""气动则声发",呼吸是发声的动力,气与声的关系犹如电力和机器的关系一样。口语表达中的亮度、力度、清晰度,以及音色的圆润、优美、持久等都主要取决于气息的控制和呼吸的方式。

(1)吸气练习

肌肉相对放松,小腹自然内收,从容地在吸气时扩展两肋;吸气要深,要有吸入肺底的感觉。训练方法主要有:

①闻花香。远处飘来一阵花香,闻一闻是什么花的味儿呢?此时,气会吸得深入、自然。

②抬起重物。人们在抬起重物时,总是要深吸一口气,憋住一股劲儿,此时腰腹的感觉是正确的。

③"半打"哈欠。微张嘴打哈欠,进气最后一刻的感觉是正确的。

(2)呼气练习

呼气控制是呼吸练习的重点。具体要求是均匀、平稳,并能根据感情的变化自由地变换呼气状态。训练方法主要有:

①以叹气的方法呼气

不发音,体会喉部是怎样放松的。

②吹尘土

均匀、缓慢地吹去桌面上的尘土。

③吹薄纸片

A.取薄纸一整片放置在桌子上,深吸气后一口吹落。

B.取大大小小不一样的薄纸片数张分置在桌子的四个方位,深吸一口气,逐个全都吹落。

④吹蜡烛

A.将几支点燃的蜡烛放在桌子上,间隔相同,吹动烛光摇动,但不吹灭。

B.将几支点燃的蜡烛放在桌子上,站着将其一一吹灭。再倒退一步、两步,分别将其吹灭。

⑤以每秒一个的速度数数儿

1、2、3、4……不断重复这几个练习,以延长呼气时间,力求达到呼出一口气可以持续30秒的标准。声音要规整、圆润,不感到挤压、力竭。

⑥一口气数葫芦

一个葫芦,两个葫芦,三个葫芦,四个葫芦……看你一口气能数几个葫芦。

⑦齿缝放气

慢慢吸好气后,蓄气,保持片刻,嘴微开,上下唇开一点小缝,持续、均匀地发出"si"音。坚持用一口气,气快用完时要沉着,自然放松。

⑧"hei"音连发

呼出的气流尽量控制,使其打在上门齿的齿背,弹发要轻巧,要跳跃,不要用喉。刚开始练习时一口气发三个"hei"就可以,关键是找到同步的感觉,随着熟练程度的提高和能力的提高,一口气就能发出七八个连续的、扎实的、有力的、同步的"hei"音。

⑨惊喜大喊

突然发现远处来了一个人,是多年不见的老朋友,很惊喜。急吸一口气,停住,然后迅速喊出"老伙计——"。

⑩呼喊人名

如大喊"小光、阿明",等等。假设这个熟悉的"小光、阿明"在远处,你发现了他并要喊他,迅速抢吸一口气,然后拖长腔地喊。

——设想距离50米,将对方叫住。

——设想距离100米,将对方叫住。

——不知对方在何处,忽远忽近、忽大忽小、忽高忽低地呼喊,并且带有感情色彩地喊,使情、气、声自然地融为一体。

(3)呼吸综合训练

①一二吸气,三四呼气,五六吸气,七八呼气,循环往复,体会两肋扩展、小腹内收的感觉。

②读诗。例如:

床前明月光,疑是地上霜。举头望明月,低头思故乡。

——李白《静夜思》

(注意:第一遍一口气一句,第二遍一口气两句,第三遍一口气四句。)

③气息绕口令训练。例如:

出大门,过小桥,小桥底下一树枣,拿着杆子去打枣,青的多,红的少,一个枣,两个枣,三个枣,四个枣,五个枣,六个枣,七个枣,八个枣,九个枣,十个枣。这是一个绕口令,一口气说完才算好。

2.共鸣

研究认为声带产生的音强只占一个人讲话音强的5%左右,其他的音强要靠共鸣来实现。当共鸣腔体的振动频率与声带的振动频率谐振时,声音被最大限度地放大。同时,共鸣也是改善音质,使声音丰满、圆润及悦耳的主要手段。

直接引起共鸣的腔体是喉、咽、口、鼻,此外头腔和胸腔也有共鸣作用。语音共鸣腔体大致可以分为三个区:高音区为鼻腔、头腔,中音区为口腔、咽腔、喉腔,低音区为胸腔。要发出高亢的声音,必须利用高音区共鸣;要发出低沉、雄浑的声音,必须利用低音区共鸣。

(1)鼻腔、头腔共鸣训练

高音可带点儿鼻音。

①练 ma—mi—mu,逐遍升高。

②闭嘴,学牛叫。

③如打电话:"嗯,什么?""嗯,好。"

(2)口腔、咽腔、喉腔共鸣训练

声音要立起来,口腔空间要大,不要太扁,发音不要太前。

①软腭上挺,口腔收圆,发出 ga、p 声。

②虎状大张口,发"啊"声。

(3)胸腔共鸣训练

①扩胸,同时尽量发出低沉的声音。

②连续发"i"的四个音调:ī í ǐ ì。

③读发"i"的古诗词。例如:

水光潋滟晴方好,山色空蒙雨亦奇。欲把西湖比西子,淡妆浓抹总相宜。

——苏轼《饮湖上初晴后雨》

(三)语气语调训练

1.语气

"语"是指有声语言,即通过声音表现出来的语句;"气"是指支撑有声语言的气息状态,即具有声音和气息合成形式的语句流露出来的气韵。

有什么样的感情,就会产生什么样的气息;有什么样的气息,就会有什么样的声音状态。语气运用的一般规律是:

爱则气徐声柔。例如:

我爱家乡。

憎则气足声硬。例如:

我讨厌你。

悲则气沉声缓。例如：

太不幸了。

喜则气满声高。例如：

我们终于胜利了！

惧则气提声凝。例如：

我再也不敢了。

急则气短声促。例如：

着火了！

稳则气少声平。例如：

我早就知道了。

怒则气粗声重。例如：

你给我出去！

2.语调

语调，指说话时快慢轻重配置而形成的腔调。任何句子都带有一定的语调，借助语调有声语言才富有极强的表现力。一句话的高低升降常常表现在最后一个音节上，末句如果是语气助词或轻声字，就表现在倒数第二个音节上。

如同样一个"我"字，采用不同的语调可以回答各种不同的问题：

谁是班长？——我。（语调平稳，句尾稍抑）

你的电话！——我？（语调渐升，句尾稍扬）

谁负得了这个责任？——我！（语调降得既快又低）

你来当班长！——我？！（语调曲折）

语调

（1）语调的种类

①平调（→）。语调平稳，没有显著的高低升降变化。一般用于不带特殊感情的陈述和说明，以及表示庄严、悲痛、追忆、冷淡和沉重等感情的句子。例如：

有的人活着，他已经死了；有的人死了，他还活着。

——臧克家《有的人》

②升调（↑）。句子语势由低逐渐升高，句末音调明显上扬。一般用于疑问句、感叹句，表示疑问、反诘、号召、惊讶、命令等感情。例如：

这是胜利的预言家在叫喊：让暴风雨来得更猛烈些吧！

——高尔基《海燕》

③降调（↓）。句子语势由高逐渐降低，句末音调低而短促。一般用于陈述句、感叹句、祈使句，表示肯定、坚决、赞美、祝愿、祈使、允许和感叹等感情。例如：

为什么我的眼里常含泪水？因为我对这土地爱得深沉。

——艾青《我爱这土地》

④曲调(↑↓)。句子语势曲折变化,对句子中某些音节特别地加重、加高或延长,形成一种升降曲折的语调。疑问句、陈述句可以用曲调,表示惊讶、夸张、强调、怀疑、讽刺、幽默等较为特殊的语气。例如:

嗨,老兄,我还从来没有见过比你更大、更美、更沉着的鱼呢。

——海明威《老人与海》

(2)语调练习

进行语调练习时,要掌握各种语调的特点,必要时应用有说服力的语调和扣人心弦的语调。例如:

为人进出的门紧锁着,(→平调:冷眼相看)
为狗爬出的洞敞开着(→平调)
一个声音高叫着:(↑↓曲调:嘲讽)
——爬出来吧,给你自由!(↑↓曲调:诱惑)
我渴望自由,(→平调:庄严)
但我深深地知道——(→平调)
人的身躯怎能从狗洞子里爬出!(↑升调:蔑视、愤慨、反击)

——叶挺《囚歌》

3.停顿

停顿就是句子内部、句子之间语言上的间歇。停顿的位置不同,一句话表达的语意就会不同。例如:

你/了解我不了解?(问是否了解自己)
你了解/我不了解。(承认自己不了解)
你了解/我不了解?(不承认自己不了解)
你了解我/不了解?(想证实别人不了解)
你了解我不/了解?(不相信别人了解)

(1)顺应语法

语法停顿表现在书面语上就是句与句之间(包括分句间)的一个个标点符号。句号、问号、感叹号的停顿比分号长些;分号的停顿要比逗号长些;逗号的停顿比顿号长些;而冒号的停顿则有较大的伸缩性,它的停顿有时相当于句号,有时相当于分号,有时只相当于逗号。例如:

这/就是被誉为"世界民居奇葩"、/世上独一无二的/神话般的/山区建筑模式的/客家人/民居。

——张宇生《世界民居奇葩》

(2)显示层次

文章的层次可以借助朗读者的停顿得到显示。一般来说,文章中的节(段)这样的大

层次比较容易划分,而在一节(或一段)文字,甚至一句话中,也往往有更小更细的层次。例如:

头上扎着白头绳,/乌裙,蓝夹袄,月白背心,//年纪大约二十六七,//脸色青黄,但两颊却还是红的。

——鲁迅《祝福》

(3)体现呼应

文章中的呼应关系主要是通过停顿来体现的。例如:

这小燕子,便是我们故乡的那/一对,两对么?

——郑振铎《海燕》

(4)指向强调

为了强调某个句子、词组或词,引起听众的注意,加深听众的印象,可以在这些词语的前面或后面以至前后同时停顿。例如:

沉默呵,沉默呵! 不在沉默中/爆发,就在沉默中/灭亡。

——鲁迅《记念刘和珍君》

(5)表达音节

朗读诗词时,必须用停顿来表达音节,以加强节奏感。例如:

故人/具/鸡黍,邀我/至/田家。绿树/村边/合,青山/郭外/斜。

——孟浩然《过故人庄》

(6)区别语意

书面语中的某些歧义短语和句子,可以用朗读的停顿来揭示其不同的语法结构,从而表达不同的意义。例如:

我不相信他是/坏人。(他不是坏人)

我不相信/他是坏人。(他是坏人)

4.重音

朗读时,为了强调或突出某个词、短语,甚至某个音节而读得重些,这些重读的成分称为重音。突出重音的方法多种多样,重读是突出,轻读、拖长也是突出。

(1)语法重音(用"."表示)

语法重音是根据句子语法结构对某个句子成分所读的重音。这种重音只是比一般非重音稍重,不是很明显。语法重音的位置比较固定,以下成分一般重读:

①一般短句里的谓语。例如:

风停了,雨住了,太阳出来了。

②名词前面的定语。例如:

我们的哨所,在那高高的山崖上。

③动词或形容词前面的状语。例如：

祖国的山河多么美丽呀！

④动词或形容词后面的补语。例如：

他的嘴唇干得裂了好几道血口子。

⑤某些代词。例如：

这本书是从哪儿借来的？

⑥介词"把"的宾语。例如：

他把前后院都翻遍了。

(2)强调重音(用"."表示)

强调重音，又叫逻辑重音或感情重音，是为了突出某种特殊思想感情而把句子里某些词语读得较重的现象。强调重音在语句中并没有固定的位置，完全是根据语意的需要而定的。同样的一句话，在不同的语言环境中或在不同的思想感情支配下，所要强调的部分并不相同。例如：

这是你的书？这是我的书。(那本不是)

这是不是你的书？这是我的书。(的确是)

这是谁的书？这是我的书。(不是别人的)

这是你的什么？这是我的书。(不是别的东西)

5.节奏

节奏指朗诵时带有规律性的变化。说话要有节奏，有起伏、快慢和轻重既形成了语言的乐感，又能形象地表达作品的意境。

中国播音届泰斗、中国传媒大学博士生导师张颂教授根据节奏的声音形式及其精神内涵的特点，从声音形式的强弱、起伏及快慢等方面的变化将节奏划分为六种类型。

(1)轻快型

语调轻松愉快，声音多扬少抑，多轻少重，语节少，词的密度大，常用来表达欢快、欣喜、愉悦、诙谐的情感。例如：

月光如流水一般，静静地泻在一片叶子和花上。薄薄的青雾浮起在荷塘里。叶子和花仿佛在牛乳中洗过一样；又像笼着轻纱的梦。虽然是满月，天上却有一层淡淡的云，所以不能朗照；但我以为这恰是到了好处——酣眠固不可少，小睡也别有风味的。

——朱自清《荷塘月色》

(2)凝重型

话语凝重，声音较低。音强而着力，多抑少扬，音节多，常用来表达严肃、庄重、沉思的意味。例如：

听到他古怪的声音，我们又想笑，又难过。啊！这最后一课，我真永远忘不了！

——都德《最后一课》

(3) 低沉型

语势下行,句尾落点多显沉重,音节拉长,声音偏暗,常用来表达悲痛、伤感、哀悼的感情。例如:

第二天清晨,这个小女孩坐在墙角里,两腮通红,嘴上带着微笑。她死了,在旧年的大年夜冻死了。新年的太阳升起来了,照在她小小的尸体上。小女孩坐在那儿,手里还捏着一把烧过了的火柴梗。

——安徒生《卖火柴的小女孩》

(4) 高亢型

语速较快,步步上扬,声音多重少轻,语节多连少停,语调高昂。常用来表达热烈、豪放、激昂、雄浑的气势。例如:

啊,我思念那洞庭湖,我思念那长江,我思念那东海,那浩浩荡荡的无边无际的波澜呀!那浩浩荡荡的无边无际的伟大的力呀!

那是自由,是跳舞,是音乐,是诗!

——郭沫若《雷电颂》

(5) 舒缓型

语调舒展自如,语节多连少顿,声音较高但不着力,常用来描绘幽静、淡雅的场景,表达平静、舒展的心情。例如:

真的,济南的人们在冬天是面上含笑的。他们一看那些小山,心中便觉得有了着落,有了依靠。

——老舍《济南的冬天》

(6) 紧张型

语速快,声音多扬少抑,多重少轻,声音较短,气息急促。常用来表达紧急、气愤、激动的情绪。例如:

听!又是一阵炮声,死神在咆哮。

静夜!你如何能禁止我的心跳?

——闻一多《静夜》

6.语速

语速指说话或朗诵时每个音节的长短及音节之间连接的紧松。说话的速度是由说话人的感情决定的,朗诵的速度则与文章的思想内容相联系。表达热烈、欢快、兴奋、紧张、急切及愤怒的内容用快速;表达平静、庄重、悲伤、沉重及追忆的内容用慢速;表达叙述、说明及议论的内容用中速。例如:

鲁侍萍:老爷,您想见一见她么?(慢速,故意试探)

周朴园:不,不,不用。(快速,慌乱与心虚)

周朴园:我看过去的事不必再提了吧。(中速)

鲁侍萍:我要提,我要提,我闷了三十年了!(快速,极度悲愤)

——曹禺《雷雨》

情境二　口语沟通的表现形式

一、交谈

交谈是表达思想及情感的重要工具,是学习知识、增长才干的重要途径,是人类口头表达活动中最常用的一种方式,也是人际交往的主要手段。

"与君一席谈,胜读十年书"就是对交谈意义深刻的总结。广泛地交谈可以交流信息、深化思想,增强认识能力和处理问题、解决问题的能力。话说得切中要点,让对方清楚地知道你的看法,是一种能力;说得圆满得体,让对方自动反省,是一种智慧。

(一)内容扣紧目的

1.传递信息或知识

交谈的目的是传递信息或知识,如课堂教学、学术讲座、新闻报道、产品介绍、展览解说,等等。

2.引起注意或兴趣

交谈的目的多是出于社交需要,为了沟通、表明自身的存在或引起他人注意,如打招呼、应酬、寒暄、提问、拜访、导游、介绍及主持,等等。

3.求得理解和信任

交谈的目的往往是结交朋友、加深感情、交流思想。

4.激励或鼓动

交谈的目的旨在强化人们现有的认识,坚定信心,激发斗志,有时也要求得到行动上的反应,如赞美、广告宣传、洽谈、请求、就职演说、鼓动性演讲,以及聚会、毕业典礼和各种纪念活动、庆祝活动中的讲话等都是出于这样的目的。

5.说服或劝告

交谈的目的大多是让别人接受自己的观点,争取自身利益或改变他人的认识,如谈判、辩论、批评、法庭辩护、竞选演说、改革性建议等。

(二)开场白一鸣惊人

1.讲故事

一般来说,可供使用的故事有两类:幽默的故事和一般的故事。幽默的故事不可妄加使用,除非对方有幽默的素质;而一般的故事,无论是关于古今中外的著名事件,还是关于现实生活中的趣事,只要叙述时有具体情节和内容就可以。

幽默按照其修辞表现手法的不同,常见的基本方法有:

(1)对比。通过对比可以揭示事物的不一致性。

【案例】

爱迪生致力于发明白炽灯泡时,有一位缺乏想象又毫无幽默感的人取笑他说:"先生,你已经失败了1200次啦。"爱迪生回答说:"我的成功之处就在于发现了1200种材料不适合做灯丝!"说完,他自己纵声大笑起来。

(2)反复。反复地说同一语句,能够产生极不协调的气氛,从而获得幽默效果。

【案例】

一个善于奉承的人在与他人交谈时经常用"我好欣赏你"这句话。一天,邻居买了一盆漂亮的绿植,他说:"你真有情调,我好欣赏你!"邻居微微一笑,问道:"你知道这是什么吗?是含羞草……"他说:"原来是含羞草,这你都知道,我好欣赏你!"邻居不屑地说:"你不要这么虚伪好不好?"他不仅不生气,还说:"你竟然能看出我虚伪,我好欣赏你!"邻居听了,忍不住笑了起来。

(3)反射。反射是指现场套用对方的话语来反驳对方,是一种语言回归,其目的是"以其人之道还治其人之身"。

【案例】

《世说新语》上记载:孔融十岁时,随同父亲拜望名士李元礼。闲谈之中,众人都夸孔融聪明,只有一个叫陈韪的人不以为然地说:"小时候聪明,长大了未必就聪明。"孔融听后立即说道:"想必陈先生小时候一定很聪明。"

(4)倒置。通过语言材料的变通使用,把正常情况下的人物关系,如本末、先后、尊卑关系等在一定条件下互换位置,能够产生强烈的幽默效果。

【案例】

一次,德国著名作家歌德与一位尖刻的批评家狭路相逢,两人面对面站着。那位批评家十分傲慢地说:"对一个傻子,我绝不让路!"歌德立刻站到一边,微笑着说:"我可恰恰相反。"

(5)拟人。巧借话题,将物拟人化,从而委婉地道出意图,取得预期的效果。

【案例】

一个人去拜访朋友,朋友家门口的大黄狗对他狂吠,他被吓得止住了脚步。朋友说:"不要怕!有条谚语说:'汪汪叫的狗不咬人',你不知道吗?""我知道这条谚语,你也知道这条谚语,可这狗——它知道这条谚语吗?"

(6)转移。当一种表达方式原是用于本意,而在特定条件下却扭曲成另外的意思时,便能获得幽默效果。

【案例】

有一位著名的作家,人们都传说他很有风度,从不对女人说难听的话。有一位长得十分丑陋的女人存心想使作家难堪,便故意引诱那位作家说她长得难看。她跑来问道:"我是不是长得很美?"作家说道:"其实每一位女性都是天上掉下来的天使,只不过有些人是脸先着地罢了……"

(7)夸张。运用丰富的想象将事实进行无限制的夸张,便可造成一种极不协调的喜剧效果。

【案例】

美国作家马克·吐温曾坐火车到一所大学讲课。因为离讲课的时间已经不多,他十分着急,可是火车却开得很慢,于是他想出了一个办法。

当列车员过来查票时,马克·吐温递给他一张儿童票。这位列车员也挺幽默,故意仔细打量,说:"真有意思,看不出您还是个孩子呢。""我现在已经不是孩子了,但我买火车票时还是孩子,火车开得实在太慢了。"

(8)天真。在成年人逻辑里,看重的是行动和结果;但在孩童思维下,更重视当下的情绪表达。用"孩童思维"式的语气能表达出幽默的效果。

【案例】

爸爸给女儿讲小时候经常挨饿的事,听完后,女儿两眼含泪,十分同情地问:"哦,爸爸,你是因为没饭吃才来我们家的吗?"

(9)双关语。所谓双关语,就是说出的话包含了两层含义:一是这句话本身的含义,另一个是引申的含义,幽默就从这里产生出来。也可说是"言在此意在彼",让听者不仅从字面上去理解,还能领会言外之意。利用字的谐音来制造双关的效果,会显得很有幽默感。如有这样一则打字机广告:不打不相识。

(10)歇后语。歇后语集诙谐、幽默于一体,具有鲜明的语言结构和特点,语言结构的奇特和寓意的深刻使人产生笑意而达到幽默的效果。它分为前后两部分,前面部分一出,制造悬念;后面部分翻转,产生突变。

一句歇后语究竟属于哪一种幽默技巧,有时是难以准确区分的,更多时候,则是包含多个幽默技巧。因为从不同的角度分析,有其不同的幽默特点。

①谐音型。例如:

隔窗吹喇叭——名声在外(鸣声在外)

②比喻型。例如:

竹篮打水——一场空(以事喻义)

③双关型。例如:

打破砂锅——问(纹)到底

④巧解型。例如:

擀面杖吹火——一窍不通

2.借助物品

可以展示一张地图、一幅画、一张统计表、一张照片、一件实物等,只要有助于阐述观点就行。

3.适当提问

开始交谈时,若提出问题,对方就会按照这个问题的思路去思考,产生一种想要知道答案的欲望。但提出的问题不一定要与交谈的主题有关,要想让谈话继续下去,并且有一定的深度和趣味,就要多提开放式问题。这种问题需要解释和说明,同时向对方表明你对他们讲的话很感兴趣,还想了解更多的内容。例如:在询问某人的家乡,并获知其来自很远的地方后,可以接着问类似以下的开放式问题:"你为什么搬到这里呢?""那里的气候跟这里有什么不同?"

4. 引用名言警句

名言警句是指一些名人所说、所写及历史记录的,经过实践所得出的结论或建议,以及警世的比较有名的言语。例如:

不积跬步,无以至千里;不积小流,无以成江海。

——《荀子·劝学》

人生最终的价值在于觉醒和思考的能力,而不只在于生存。

——古希腊哲学家亚里士多德

5. 讲令人震惊的事件

它可以使对方从一系列触目惊心的事件中醒悟过来,并产生一种要对述说的事情追根究底的欲望。

6. 真诚赞美

一般情况下,人们都喜欢听赞美的话。因此,开始讲话时,可以赞美对方衣着得体、气质高雅,可以称赞其所在地区的悠久历史,也可以赞美当地的丰富文化遗产和淳朴的民风等。

7. 联系对方利益

这是有经验的说者经常使用的展开交谈的方式,就是把自己要表达的内容与听者的切身利益联系起来,以引起对方的关注和重视。

8. 寻求共同点

这些共同点可以涉及双方以往相同的经历或遭遇,也可以涉及双方以前的密切合作,还可以展望双方友谊发展的前景等。

(三) 找准话题

找准话题,就会与对方产生共鸣。谈论对方感兴趣的话题,是一种深刻了解对方并与之愉快相处的交往方式。在交谈的过程中,要将心比心,把对方的注意力和好奇心吸引过来。这样会尽快缩短彼此之间的距离,化解心理上的隔阂,使沟通顺利进行。

(四) 表达准确

讲话准确,是每个人交谈时必须遵守的基本准则,也是对说者的起码要求。出口不够谨慎,没有考虑到听者的立场,很容易无意中伤害听者,产生误会,所谓"言者无心,听者有意"。

(五) 有逻辑性

1. 类比法

这是一种根据两类事物某些属性的相同或相似点,推断出它们的其他属性也可能相同或相似的逻辑方法。运用这种方法说理,有助于听者触类旁通。例如英国哲学家培根的名言:书是人类进步的阶梯。

要注意不要机械类比,不要将事物间相同或相似的偶然性因素作为论据,或是将表面上有些相似但实质上完全不同的事物进行类比,从而推出一个荒谬的或毫不相干的结论。

2.反证法

有时对某个道理或问题不容易从正面解释或反驳,不妨换个说法,通过论证与此相反的论题的正确与否来说明该问题的是非曲直。

3.转移法

在语言沟通中,巧用转移法,可以产生强烈的幽默感,营造轻松活泼的氛围。

(六)掌握分寸

在沟通中,要认清自己的身份,适当考虑措辞。说话的分寸取决于谈话的对象、话题和语境等诸多因素,就是要言之有度。

(七)委婉含蓄

委婉含蓄是一种既温和婉转又能清晰明确地表达思想的交谈艺术,是一种运用迂回曲折的语言含蓄地表达本意的方法。说者特意说些与本意相关的话语,以表达本来要直说的意思,这是交谈中的一种缓冲方法,能使本来相对困难的交谈变得顺利起来,让听者在比较轻松的气氛中领悟本意。

1.赞扬法:赞扬法比较顾全对方的面子,使对方容易"下台阶"。

2.暗示法:暗示法适合表达很难说出口的话。

3.模糊法:模糊法只可意会不可言传。

(八)掌握节奏

首先,融洽关系,营造交谈的气氛。其次,交谈的态度要亲切自然,消除对方谈话的戒心。如果对立情绪较强烈,可采取冷处理的方法,暂时延缓交谈,或者曲线交谈,从其他的事情入手,在亲切之余要注意诚恳。再次,交谈要有的放矢、目的明确,不能让对方感到无所适从。最后,要注意选择方法,增强交谈的效果。

(九)有针对性

1.针对别人的感受方式

(1)视觉型:比较喜欢快节奏,讲话很快,思考也很快,喜欢阅读图表,而且行动力强。对此类人,要强调行动与成果。

(2)听觉型:喜欢比较有秩序的生活,讲话较慢但很有条理,喜欢交谈与倾听,行动力不足。对此类人,要强调逻辑与条理。

(3)触觉型:很重视感觉、舒适度,讲话有时是不看对方的,速度也比较慢。对此类人,要多谈某种事或物会带来什么样的感受。

2.针对性格差异

由于每个人性格不同,说者在讲话时应把握尺度。同性格开朗的人交谈,可以侃侃而谈;同性格内向的人交谈,则应注意分寸,循循善诱。

3.针对年龄差异

不同年龄的人对语言形式的识别能力和对语言意义的理解程度是不同的,说者面对不同年龄阶段的听者,表达方式应该有所区别。

4.针对性别差异

不同性别的人有不同的心理和习惯,所以讲话还应注意听众的性别。

5.针对爱好差异

每个人的爱好不同,对话语的"兴奋点"也不相同。对一位潜心研究学问的学者大谈生意经,他定会嗤之以鼻;同样,对一位经商的人大谈治学之道,他也势必味同嚼蜡。爱好相同的人聚在一起交谈,可以激发出话题焦点的"火花",进而产生思想感情的共鸣。

6.针对职业差异

不同职业的人,在社会生活中扮演着不同的角色,其言语必然带有某种职业色彩。例如,工人讲话豪爽直率,军人讲话威严沉稳,推销员讲话给人以极强的诱惑力,等等。职业、专长不同的人,其头脑中所具有的信息类型和兴趣点是不同的,他们往往对与自己职业相关的话题感兴趣,有的喜欢深究和钻研。即使同样是知识分子,也会因为所从事的专业不同而有所区别。一般情况下,科学家、学者比较严谨、求实;演员、艺术家比较活泼、开朗,浪漫气息重。

(十)简洁

言不在多,达意则灵。人们在交流思想、介绍情况、陈述观点、发表见解时,为了使对方能够很快了解自己的说话意图,往往使用高度概括、十分凝练的语言,提纲挈领,把问题的本质特征表达出来,以达到一语中的、以少胜多的效果。说者一般善于把握形势,抓住问题的症结,且能用精准的语言加以概括表达,其作用和影响非同一般,能产生"片言以居要,一目能传神"的效果。

(十一)符合身份

与人交谈要做到称谓、口气合适。当众讲话时,要注意针对不同环境选择相应的表达方式,使表达的思想与自己的处境、身份相符合。

(十二)利用特定场合

1.灵活变换角度

某些场合的变化是出人意料的,说者要善于变换切入角度,灵活地应对和驾驭各种局面和场合。

2.利用歧义

利用特定场合,造成情境歧义。

【案例】

顾客:"癣药卖多少钱?"

店员:"每瓶30元!"

顾客:"一滴卖多少钱?"

店员:"怎么可以买一滴?起码得买一瓶!"

顾客:"你们广告上明明说一滴就灵!"

3.正话反说

正话反说,就是说出的话跟实际要表达的意思是完全相反的,表面褒扬,其实贬斥;表面否定,其实肯定。正话反说可以委婉地表达出说者真实的意思,不仅使话语含蓄风趣,产生出人意料的"笑果",更能使听者悟其意却不反感。

【案例】

一位名人到咖啡店喝咖啡,咖啡店老板在端上咖啡时才认出他,于是客气地请他对咖啡店提点意见。这位名人见桌上的咖啡差不多只有半杯的量,便微笑着对老板说:"我有一个办法,可以让你立刻多卖出两杯咖啡。"老板问:"什么办法?"名人说:"你只要把这个杯子倒满即可。"闻听此言,老板不好意思地笑了。

4.言此意彼

利用情境的微妙关系,言此意彼,使双方心领神会,从而实现沟通目的。

【案例】

抗战胜利后,国画大师张大千从上海返回四川老家,一个学生设宴为他接风洗尘。宴会上人们比较拘谨,为了活跃气氛,张大千向梅兰芳敬酒说:"梅先生,你是君子,我是小人,先敬你一杯。"梅兰芳不解其意,众人也莫名其妙。张大千笑言道:"君子动口,小人动手。你唱戏动口,所以你是君子;我画画动手,所以我是小人。"一席话引得满堂宾客大笑不已。

二、演讲

演讲,亦称演说,是语言的一种高级表现形式,演讲者在特定的时境中,借助有声语言和态势语言的艺术手段,针对社会的现实和未来,面对广大听众发表意见,抒发情感,从而达到感召听众并促使其行动的一种现实的信息交流活动。

(一)演讲的分类

1.按演讲的性质分为政治演讲、生活演讲、学术演讲、竞选演讲、法庭演讲、论辩演讲、礼仪演讲和宗教演讲,等等。

2.按演讲的方式分为命题演讲、即兴演讲和论辩演讲。

(二)演讲的要素

1.有声语言

有声语言是由语言和声音构成的,是演讲中的主要表达手段。

(1)口语化

口语存在于人的日常生活中,丰富多彩,变化多端,并且生动活泼,极富人情味。演讲者要尽量选择有利于口语表达的词语和句式,多用短句,并注意散句和整句的结合。

(2)个性化

演讲语言是一个人思想、阅历、才华、气质以及语言修养的集中表现,要尽量用自己的话讲出来,少用别人的语言或现成的语言,不讲大话、套话。

(3) 幽默

在演讲中能引起听众的兴趣，令听众露出笑脸的绝妙方法就是幽默。幽默能够拉近演讲者与听众的距离，令听众产生亲切感，同时又能在意味深长的笑声中得到富有哲理性的启迪。

2. 态势语言

态势语言主要指演讲中的仪表、仪态、表情及手势等，是演讲中不可或缺的辅助形式，是有声语言的重要补充。其作用是通过对口头语言的辅助，突出效果、烘托气氛、感染听众、实现共鸣。尤其在脱稿演讲中，这种形式不可或缺。

所谓演讲，"讲"的是有声语言，给人以听觉形象；"演"的是无声语言，给人以视觉形象。只有动静相兼，将两者有机地融合起来，才能构成完整的演讲。从信息接收者的角度来说，靠视觉获取的信息总是比靠听觉获取的信息印象更深刻。

美国一位心理学家艾帕尔·梅拉别恩曾经通过许多试验得出了信息输出的效果公式：

$$信息输出的效果 = 7\%的文字 + 38\%的音调 + 55\%的态势语言$$

(1) 仪表

仪表包括服饰、妆容和发式等身体外表的装扮。仪表是演讲者给听众的第一印象，着装应整洁大方、宽松自然，款式和颜色要考虑到演讲的内容、环境和时空的因素；妆容以清秀、淡雅、自然与和谐为宜；发式应整洁大方、自然。

(2) 仪态

仪态就是姿势、体态。演讲者要善于运用站立、坐立、挪步、侧身、耸肩、扭腰、昂头及低首等各种姿态来传情达意，增强演讲的感染力。演讲时一般采用的站姿：挺胸、收腹、精神饱满、两肩放松，后背挺直，胸略向前上方挺起，腿应绷直，稳定重心位置。站姿有稍息式、立正式、丁字式等。

(3) 表情

表情就是演讲者的面部变化，包括喜、怒、哀、乐、怨、愤、悲等。运用表情，可以进一步达到影响和感染听众的效果。欢笑，表示内心欢喜；瞪眼，表示内心愤恨；眯眼，表示内心猜测；瘪嘴，表示内心很鄙视；蹙眉，表示内心焦虑；等等。

(4) 手势

手势是指演讲者用双手或单手做挥、指、摇、摆等动作。例如：一只手向前，表示"前进"；右手握拳下挥，表示"打击"；伸出手掌横摆，表示"不要"；手指向前指，表示"就是他"；双手掌下按，表示"没问题"；等等。

3. 主体形象

主体形象是指演讲者的体型、容貌、衣冠、发型、举止、神态等。主体形象直接影响着演讲者思想感情的表达，要求演讲者在符合演讲主题的前提下，注重装饰朴素、得体，举止、神态、风度潇洒、优雅、大方，给听众一个得体的外部形象。

(三)演讲论题的确定

1.确定主题

(1)展现时代精神

主题要有现实意义,通常为人们普遍关心的问题或社会现实中亟须解决的问题。如演讲《发展与环保并行》。

(2)适合性

主题为客观现实需要,要选择适合听众、场合和演讲者实际的内容,如演讲《服务行业中如何体现人文关怀》。

(3)讲究个人色彩

演讲中的感情激发离不开生活基础,生活本身即是最合适的题材。因此确定演讲题目最便捷的方法就是深入生活,从记忆中去搜寻生命里那些有意义并带给你鲜明印象的主题。如演讲《用感恩的心去生活》。

(4)符合身份和能力

确立演讲主题时,应符合自己的年龄、身份、气质和兴趣等。这样才便于自然地融入自己的思想感情,得心应手。要根据自己的知识水平选择措辞、语调,语气也要自然、生动、富有活力,给人以新鲜感和亲切感。如著名演讲家曲啸的演讲《心底无私天地宽》。

(5)有建设性

在实事求是的基础上,标题要选择那些能给人以希望、积极向上、令人振奋的文字。而在内容上,也要能带给听众新的信息、新的知识,以引起听众的兴趣,满足其求知欲,如郭沫若的演讲《科学的春天》。

(6)集中、深刻

一篇演讲稿通常只能有一个主题或论题、一个中心,不能多主题、多中心,这就要求演讲的主题必须凝练和集中。同时,无论是讲人、叙事、论理,都不能停留在表面现象上,而是挖掘出事物的本质,把握住事物的个性。如鲁迅的演讲《未有天才之前》。

2.确定标题

(1)揭示主题

演讲标题含义要清楚,要与内容契合,能概括演讲的基本内容或揭示主题,如英国作家菲尔普斯的演讲《阅读的喜悦》。

(2)警策醒目

标题的字数不宜过多,用语力求干净利落、简洁明快、新奇、生动、醒目。使听众产生急于一听的心理,如陈独秀的演讲《妇女问题与社会问题》。

(3)富有启迪性

标题要有积极意义,体现时代精神,适应现实需要,令人鼓舞,催人奋进,并耐人寻味,富有启迪性。同时,标题要饱含情感,立场坚定,能引起听众情感上的共鸣。如马寅初的演讲《北大之精神》。

(四)演讲技巧

美国一位心理学家曾在3000人中做过这样一次心理测验:你最担心什么?令人吃

惊的是:约占41%的人认为最令人担心,也是最痛苦的事情是当众演讲。而事实证明,演讲能力是可以通过练习得以提高的,演讲是有技巧的。

卡耐基说,就一场演讲来说,最重要的有三件事,即谁在发表这场演讲,他如何进行这场演讲,以及他在说些什么。在这三件事中,排在最后面的,重要性最低。因此,演讲者最宝贵的财富就是他个人的特色。

1.开场白

有人说,演讲时,5秒钟内就要唤起听众的注意力。当然,要一直保持这种吸引力是不容易的,因为听众的注意力极易分散。但如果一开始就没有吸引力的话,以后就更难把听众的注意力吸引过来。

(1)引用名言

名言具有很强的说服力。在演讲开头时引用一句名言,既可起到提纲挈领的作用,也容易吸引听众。如演讲《让生命在追求中闪光》:

记得有这样一句名言:"生活的悲剧不在于没有达到目标,而在于没有想要达到的目标。"这句话极有道理。

(2)即兴开篇

即兴开篇,是演讲者根据现场的环境或气氛而引出演讲的开篇语。如1991年11月,"金鸡奖"与"百花奖"同时在北京揭晓,李雪健获得了两个奖项的"最佳男主角"。他走上领奖台,只说了两句:

苦和累都让一个好人——焦裕禄受了;名和利都让一个傻小子——李雪健得了。

(3)引起听众注意

①叙事式。演讲者一开始就讲述新近发生的奇闻怪事、令人震惊的重大事件或生动感人的故事,由于故事具有情节生动、内容新奇等特征,容易引起听众的关注,激起听众的兴趣。如俞敏洪的演讲《致青春》:

青春其实跟三个"想"有关,叫作理想、梦想和思想。如果我们能够坚持自己的理想,追逐自己的梦想,并且探索自己独立的思想,我们的青春就开始成熟了。当我们坚持自己理想,你就会有永不放弃的精神。这一点,我在小时候就学会了,所以我在16岁开始高考,第一年失败,第二年失败,坚持考了第三年。

②悬念式。演讲一开始,在听众还没有心理准备的时候就提出一个悬念,激发听众兴趣,引起听众关切,争取听众参与。制造悬念不是故弄玄虚,既不能频繁使用,也不能悬而不解。如教育家陶行知在武汉大学发表演讲时,他一上台就从所带的箱子里拿出一只鸡和一把米。他按着鸡头让鸡吃米,鸡只叫不吃。他用力掰开鸡嘴,把米往里塞,鸡拼命挣扎还是不吃。他松开手,往后退了几步,鸡自己开始吃起米来。这时,陶先生开始演讲:

我认为,教育就像喂鸡一样。先生强迫学生去学习,把知识硬灌给他,他是不情愿学的。即使学也是食而不化,过不了多久,他还是会把知识还给先生的。但是如果让他自由地学习,充分发挥他的主观能动性,那效果一定好得多。

③抒情式。这种开头意在渲染气氛,以情感人,使听众迅速受到情绪感染,注意聆听演讲内容。这种开头多采用排比、比喻及比拟等修辞手法,多用诗化的语言,有的干脆直接引用诗歌,因而自然优美、形象生动而引人入胜。如演讲《师恩难忘》:

鲜花感恩雨露,因为雨露滋润它成长;苍鹰感恩蓝天,因为蓝天让它展翅飞翔;高山感恩大地,因为大地让它高耸。而我感恩老师,因为是他们让我在知识的海洋里遨游;因为是他们让我看清了是与非,善与恶;因为是他们让我在困难面前有了勇往直前的勇气……

④设问式。演讲者通过一开始提出的一个或几个出人意料的问题来迅速唤起听众的兴趣和注意力,缩短演讲者与听众的距离,并加深听众对问题的记忆和理解。如曲啸的演讲《人生理想追求》:

一个人应该怎样对待自己青春的时光呢?我想在这里同大家谈谈我的情况。

⑤幽默式。用幽默诙谐的语言、新奇贴切的比喻开头,既能吸引听众的注意力,又能活跃气氛,让人在笑声中思考。如教育家蔡元培在他70岁大寿上答谢到场嘉宾的致辞:

诸位来为我祝寿,不外乎要我多做几年事。我活到了70岁,就觉得过去69年都做错了。要我再活几年,无非要我再做几年错事罢了。

⑥道具式。道具式又叫实物式,演讲者开讲之前向听众展示某件实物,给听众以新鲜、形象的感觉,引起他们的注意。这种开场方式多在军事演讲、法庭演讲或学术演讲中使用。它通过展示实物,首先给听众一个感性的直观印象,然后借助具体实物,提出和阐述自己的见解。如:军事演讲首先向听众展示军用挂图或战场实物,学术演讲首先展示科研成果或图表,法庭演讲先展示证物,等等。如以下演讲片段:

一位日本教授在给大学生做演讲前,面对台下叽叽喳喳、谈论不休的大学生们,没有急于宣布演讲主题,而是从口袋里摸出一块黑乎乎的石头扬了扬说:

请各位同学注意看,这是一块非常难得的石头,在日本,只有我才有这一块。

当学生们都想看个究竟的时候,这位教授才说明这块石头是他从南极探险带回来的,并开始了他的南极探险演讲。

⑦烘托式。演讲者不直述观点,而有意先对其他事物或从另一角度着意渲染描写,然后摆出观点,以前者烘托、陪衬后者。这样借以拓宽听众的视野,使文眼在"云雾"中变得更鲜明。如演讲《新女性的赞歌》:

有人推崇在事业上有所作为的女性,有人推崇生活中温柔、贤惠的女性,还有人推崇事业成功且在家庭中是贤妻良母的女性。而我则推崇那些敢于自我否定,敢于向旧意识宣战的不断进步的新女性。

2.展开主题

(1)合理运用提纲

一般来说,演讲必须要有提纲。演讲稿只是提纲的丰富,演讲时可以没有讲稿。因此,演讲的展开应当按照提纲的顺序进行,不宜随意增减。

①控制演讲的内容。提纲通常是在演讲之前经过深思熟虑、认真准备而写成的,已经较集中、较有条理地论证了某一主题思想。按照提纲的内容和逻辑顺序去演讲,比较有把握取得好的效果。

②不要照本宣科。演讲时最好是准备提纲但不念提纲。带上提纲并把它摆放在讲台上,一方面,可以表示自己郑重其事,有充分的准备;另一方面,在偶尔忘记演讲内容时可以随手翻看提纲,获得提示。演讲不仅在于讲,还在于演。

(2)控制时间

演讲的主体部分在展开主题阶段,所以要注意控制这一部分的时间。时间太长,内容庞杂,容易分散听众精力,影响演讲的安静气氛;时间太短,演讲者无法把问题阐述清楚,听众也会产生乘兴而来、败兴而去的感觉。

展开主题的时间要根据主题、主客观情况而定,该长则长,该短则短。

(3)演讲过程中造势

①欲扬先抑法。在演讲中,运用欲扬先抑的方法,可以在表情达意上造成一种反差,营造一种气势,使演讲跌宕起伏、摇曳多姿、富有动感、引人入胜。如2017年莫言在汕头大学毕业典礼上发表的演讲《成为了不起的自己》:

同学们,你们今天就要毕业了,你们可能有一点点沾沾自喜,因为比尔·盖茨都没能大学毕业。但是我想告诉同学们,毕业才是真正的开始,所有的学习都是在为走向社会做准备。北方的民间有一句粗俗的比喻"是骡子是马牵出来遛遛",话很糙,但理不糙。你们是没有什么了不起呢,还是真正的了不起呢?都需要用在社会生活的广阔海洋里的拼搏创造实践来证明。

对于抑扬两者,不可等量齐观,而是应该重在后扬;而抑,则起的是衬垫作用。

②语义转折法。

A.开篇陡转。开篇陡转是用转折句式直接开头的一种方法。如1878年,法国作家雨果在纪念法国思想家伏尔泰逝世百年的演讲中,开头第一句就说:

一百年前他死了,但他的灵魂却是不朽的。

B.缓铺急转。这种转折与陡转一样,都是用在演讲开头,所不同的是,它往往要在"拐弯"之前先铺一段路,然后再急转弯回到正路上来。如1931年,美国物理学家爱因斯坦对加利福尼亚理工学院学生的演讲《要使科学造福人类,而不成为祸害》:

看到你们这一支以应用科学作为自己专业的青年人组成的兴旺队伍,我感到十分高兴。我可以唱一首赞美诗来颂扬应用科学已经取得的进步,并且无疑地,在你们自己的一生中,你们将把它更加推向前进……但是我不想这样来谈。

C.转后翻转。演讲中,有时还会两个转折连用,将内容翻回到原处,自由而灵活。如1984年,语言学家张志公在《科学、艺术和武器——演讲邀请赛》闭幕式上的即席讲话,他这样评价参赛选手都是演讲家李燕杰:

说到这个地方,我很想改变一下称呼,但又担心有倚老卖老之嫌,可是感情使我不能顾及这个责备,我还是要将"亲爱的青年朋友"改称"可爱的孩子们""小李燕杰们"……

D.对举排转。对举排转是指在演讲中用偏正复句或转折短语构成排比,既有奔腾起伏的气势,又有辩证统一的内涵。如历史学家郭沫若一次同青年的对话:

青年成熟的标志是温柔而不软弱,成熟而不世故,谨慎而不拘泥,忍让而不怯懦,刚强而不粗暴,自信而不狂妄,热情而不蛮干,勇敢而不鲁莽,好学而不盲从,纯真而不清高,敏锐而不轻率。

E.转折点睛。演讲的高手往往擅长用转折句式来"点睛",以此串起全文,掀起一个个情感波澜。如戏剧家老舍的一次演讲,在每一层中都使用了哲理化的警句:

青年有爱和被爱的权利,但是,青年人却没有滥用爱的权利。人的生存需要爱,但又并非为了爱才生存。爱情是美好的,但谁也难保爱情没有挫折。

F.收篇逆转。在演讲高潮时用转折句收束,可起到征服和鼓舞听众的最佳效果。这样的例子很多,有的是用一个转折句,有的是用多个转折句。如1924年印度诗人泰戈尔在清华大学的演讲:

你们是多么的幸运!——你们凭本能就能悟出。这种天赋无法传授,但你们可以让我们与你们共享它的果实。

③铺陈渲染法。演讲者为了阐述自己对某个事物、事件的深刻见解,可以根据演讲主题的需要,从各个角度、各个侧面对该事物或事件进行铺陈渲染,以造成一种"先声夺人"的气势,把听众的思绪引入特定的演讲氛围。在此基础上,再阐述演讲者的思想观点,对听众进行宣传鼓动,就事半功倍。如王道正的演讲《西部,我的家园》:

西部,这块神秘、广袤的大地,曾写下多少金戈铁马、气吞万里的英雄史诗。美丽的西部,有过"天苍苍,野茫茫,风吹草低见牛羊"的美景,也有过"黄河之水天上来,奔流到海不复回"的奇观。而现在,母亲河年年断流,大西北黄沙漫天。西部,她还曾有过繁花似锦,丝绸之路,驼铃声声脆,商人交易欢,天府之国,物阜民丰足,富饶甲天下。而现在,西部还有很多人在同贫困抗争的道路上艰苦跋涉。多少年来,贫困和西部如影相随,挥之不去。西部,几乎成了贫困的代名词。西部啊西部,你何时才能繁荣富庶?

④"卖关解扣"法。在演讲中,通过先设置悬念"卖关子",后揭开谜底"解扣子"的方法,也可以营造一种曲径通幽、引人入胜的演讲气势,使演讲收到更好的效果。如任士奎的演讲《让爱永驻人间》:

世界上有这么一种东西:它能使你在浩瀚无垠的戈壁沙漠中看见希望的绿洲;它能使你在千年不化的冰山雪岭中领略温暖的春意,它能使你在雾海苍茫的人生旅途中拨正偏离的航向,它能使你在荒凉凄冷的孤寂心里收获快乐的果实……它是无形的,却有着巨大而有形的力量;它是无声的,却鸣着神奇如春雷一般的回响!也许有人会问:是什么这么伟大、这么神奇?我要说,它就是——爱,是人类对美好生活、对自己同胞的真诚的爱心!

⑤层层推进法。层层推进法就是用三个或三个以上的结构大体相似、字数大致相等的语句,把事理层层推进地表现出来的造势技巧。它可以使语言一环扣一环,一步紧一步,形成一种"层渐美";可以使听众的认识逐步深化,感情逐步激昂,印象逐步加深。如孙瑶的演讲《远处更美——大学生活》:

沿途中,壮观的瀑布,会冲刷净你的头脑;平静的湖水,会使你冷静地思考;雄伟的山峰,会唤起你的激情;名胜古迹的美景,会引发你无限的遐想。

⑥连珠反诘法。反诘的特点是只问不答,用疑问的形式表达确定的思想内容。在演讲中,使用连珠炮似的反诘,能够加强演讲的语势,把原来确定的意思表达得更加鲜明和不容置疑,比正面表态更富有激发、鼓动的力量。同时,由于反诘语句带有强烈的感情,它更容易唤起听众的激情和想象,使演讲者与听众的感情产生强烈的共鸣。如一名大学生的演讲《走出误区 实现价值》:

同学们,当前我们大学生求职出现了前所未有的困难,原因是什么呢?是我们国家的人才太多了吗?是我们所学的东西过时了吗?还是我们的眼光不再符合社会需求了呢?面对这么多的问题,我们这些即将走出校门的大学生又该如何应对呢?

⑦适当停顿法。一位讲课非常受欢迎的老师经常在谈话途中停顿。当他说到一项要点,而且希望他的听众在脑中留下极为深刻的印象时,会倾身向前直接望着对方的眼睛,足足有一分钟之久,但却一句话也不说。这种突然而来的沉默与突然而来的嘈杂声有相同的效果,可以使人提高注意力,倾听对方下一句将说些什么。

此外,如果想表达出蕴藏在内心的激情,讲话应该抑扬顿挫,所以停顿不但是声音的静止,而且是一种无声的心灵之语,它往往配合动作和手势,如:低头沉思,双手握拳做激动状;说到关键处双目凝视,深深叹息,皱紧双眉做痛苦状;抬头仰望天空;等等。

3.结尾

演讲的结尾和开头一样,是最能展示演讲技巧的环节。出色的开场白能够赢得听众的兴趣和注意力,而精彩的结尾犹如画龙点睛,能给人留下深刻印象。好的结束语应当既是演讲的收尾,又是全篇的高潮。要简洁明快、干净利落,犹如豹尾劲扫,给读者以回味的余地。

(1)点题式

点题式结尾更能突出演讲的中心论点。如加拿大医学家、教育家,被誉为现代医学之父的威廉·奥斯勒在耶鲁大学发表的演讲:

我之所以成功,完全是因为一句话的影响,那句话让我学会了"活在一个完全独立的今天里",正因为每天我都能如此,所以才拥有了这意义非凡的一生。

(2)深思式

这种结尾语尽而意不尽,意留在语外,让听众久久回味。如以下演讲片段:

粮食真的是这么充足吗?事实上,在发展中国家,每五人中就有一人长期营养不良,有20%的发展中国家人口粮食无保障,饥荒已成为地球人的第一号杀手,每年平均夺去1000万人的生命,由于直接或间接营养不良,全球大约每四秒钟就有一人死亡!

社会粮食状况令人心痛,这么多的人因饥饿正在死亡的边缘徘徊,从根本上扭转消费观念、节约粮食值得我们当今大学生深思。

(3)总结式

即使在只有5分钟的简短演讲中,一般的演讲者通常也会不知不觉地使谈话范围涵盖得很广泛,以至于结束时,听众对于他的主要论点究竟在何处仍感到有点困惑。所以,结尾处一定要总结自己的观点。如张学群的演讲《假如我是人事处长》:

招才要有方,用才须有道,扶才应有法,这就是我当上人事处长后的改革实施方案。

(4)幽默式

除了某些较为庄重的演讲场合外,利用幽默结束演讲可使演讲更富有趣味,令人在笑声中深思,并给听者留下一个愉快的印象。

如著名作家老舍先生在一次演讲中,开头即说:"我今天给大家谈六个问题。"接着,他第一、第二、第三、第四、第五,井井有条地谈下去。他在谈完第五个问题时,发现离散会的时间不多了,于是提高嗓门,一本正经地说:"第六,散会。"听众起初一愣,不久就欢快地鼓起掌来。

(5)议论式

适当地运用恰当、精辟的议论,会使演讲富有诗意和哲理性,从而感染并说服听众。如高尔基的演讲《科学万岁》:

自由展翅的科学上升得越高,它的视野就越宽广,科学知识应用于生活实际的可能就越充分。正如我们大家都知道的那样,在自然界没有什么东西比人脑更奇妙!没有什么东西比思维更美好,没有什么东西比科学研究的成果更可贵。

科学万岁!

通过简短的议论,揭示出科学的重要性,最后一句"科学万岁"更使听众对科学的重要性打下深深的烙印。

(6)余味式

在演讲中以含蓄或者留有余地的语言来表达主题,让听众能在演讲结束后的思索中体会其言外之意,受到启迪,或者总结演讲的主旨并深化主题。如1923年,在北师大附中的校友会上鲁迅先生发表了题为《未有天才之前》的演讲:

所以我想,在要求天才的产生之前,应该先要求可以使天才生长的民众。——譬如想有乔木,想看好花,一定要有好土;没有土,便没有花木了;所以土实在较花木还重要。

(7)抒情式

抒情式的结尾文字优美,激情澎湃,极富感召力,可以收到余音绕梁、言尽而意无穷的效果。如1978年,在全国科学大会闭幕式上,郭沫若发表了题为《科学的春天》的演讲:

春分刚刚过去,清明即将到来。"日出江花红胜火,春来江水绿如蓝。"这是革命的春天,这是人民的春天,这是科学的春天!让我们张开双臂,热烈地拥抱这个春天吧!

(8)期盼式

以激励的言辞提出希望和期盼,感召听众,有较强的鼓励、鞭策作用。如演讲《青山一道同风雨》:

青山一道,我们同历风雨,团聚一处。而将五洲四海的人们集汇在一起的纽带,也许,是这样的期望:为天下立心,为生民立命,为往圣续绝学,为万世开太平!

(9)名言式

引用名言可以铺垫和烘托演讲主题,令听众有回味的余地。名言的选择应考虑措辞的通俗性,既要富有哲理,又不能太深奥莫测,甚至晦涩难懂。

如演讲《坚守心中的道德律》:

"不论是黄昏,还是晨曦初露,茉莉花,总是洁白的。"正如希腊诗人乔治·赛福斯的这首小诗所说,我们青少年要想有所成就,就一定要坚守住自己的洁白,坚守住自己的芳香,坚守住自己心中的道德律!

三、说服

在沟通中,很多时候需要说服别人接受自己的观点,支持自己,理解自己的意图。

"说服"就是让他人去做他原本不想做的事,或者让他人去相信他原本不相信的话。说服是非强制性的,是一种意志、观念或行为影响另一种意志、观念或行为,最终使两者趋于一致的情感交流与语言沟通的过程。

(一)站在对方的立场

人们一旦有了需要,就会考虑实现的方法。因此,可考虑站在对方的立场以合理的动机加以激发。

【案例】

卡耐基曾经租用某宾馆的礼堂讲课。一天,他突然接到通知,说租金要提高三倍。卡耐基前去与宾馆经理交涉,他说:"我接到通知,有点震惊,不过这不能怪你。如果我是你,我也会这么做。因为你是宾馆的经理,你的职责是使宾馆尽可能盈利。"接着,卡耐基又为他算了一笔账:"将礼堂用于办晚会、舞会,当然会获大利。但你撵走了我,也等于撵走了成千上万有文化的中层管理人员,而他们光顾你的宾馆,是你花几倍的钱也买不到的活广告,哪样更有利呢?"宾馆经理最后被他说服了。

卡耐基之所以说服成功,就在于当他说"如果我是你,我也会这么做"时,他已经完全站到了经理的立场上。接着他站在经理的立场上算了一笔账,抓住了经理的兴奋点——盈利,使经理心甘情愿地把天平砝码倾斜到了卡耐基这一边。

(二)启发良好的联想

以推销商品为例,只有用巧妙的语言重点突出商品的某一种性能,使顾客产生良好的联想,才能使商品畅销。比如要推销全自动洗衣机,与其说"省时省力,质量第一",不如说"你可以一面看电视,一面洗衣服"。

启发联想,必须实事求是,不能随便描绘一幅根本无法实现的美景,更不能把坏的东西说成好的,那将是欺骗。但对一些表面不利的情况,从另一种角度去分析积极因素,从而启发良好的联想,却是必要的。

(三)尊重和技巧

说服他人要以尊重为出发点,寓情于理,使对方因感到温暖而对说服者产生信任感,这样有利于达到说服的效果。

【案例】

在一个早晨,电话铃在响,孩子们在哭喊,厨房的面包发出了烤焦的糊味。

丈夫看了一眼面包,对妻子说:"天哪! 你什么时候才能学会烤面包啊!"

A 妻子会说:"是我的话,我就把糊面包扔到他脸上去。"B 妻子会说:"我会狠狠地教训他说,那么请你自己去烤吧。"C 妻子会说:"我将受到极大的刺激,甚至只知道哭。"她们的说法不同,反应是一样的:不服气! 这种情绪会导致事态的进一步扩大。例如,第二天可能全家人没有面包吃;丈夫上班后,凌乱的房子会没有人收拾……

假设丈夫说:"这真是一个紧张的早晨,不过没关系,让我来帮帮你。"对这种话,妻子们又会如何反应呢?

A 妻子会说:"我会感激地不得了。"B 妻子会说:"我不但舒服,还要拥抱他、吻他。"C 妻子会说:"我会感到很暖心。"

其实,面包还是糊的。结论只有一个:后一种说法能理解他人的处境,没有训斥,没有怨言,自然使人感动。

(四)以情动人,以理服人

有时候,要有效地说服别人,与其激发对方的理性,倒不如激发对方的情感来得容易些。在摆事实、讲道理的同时,还要善于发现对方的某些内在需求,并且把这种需求与希望说服对方的话题联系起来,这样说服的效果将非同一般。

【案例】

某银行的信贷员在向一家习惯于拖欠贷款的企业催收外汇贷款时,将一条"重要信息"透露给企业:在国际外汇市场上,美元对日元的比价将可能下跌。而这家企业恰恰是通过收回日元贷款再折成美元偿还银行美元贷款的,拖欠贷款意味着企业要还更多的钱。信贷员正是利用了企业想少花钱这一内在需求,巧妙地暗示,成功地说服对方,收回了贷款。

(五)影射

当两种观点对立的时候,往往需要一种缓冲的说法来调和矛盾。影射就是一种很好的方式。它是用一些小故事,或生活中一目了然的道理,先与对方取得相同的立场。这样做,既可为下一步提出自己的观点埋下伏笔,又能维护对方的自尊心,比较容易奏效。如"螳螂捕蝉,黄雀在后""狐假虎威""鹬蚌相争,渔翁得利"等,都是以影射的方式让他人相信某个事理的。

(六)利用数字

数字本身是冷冰冰的,但是如果能用它来作为列举的论据,就会有很强的说服力。利用数字来说服要注意准确,否则会让人觉得虚假。

【案例】

一名办公用品销售员为了说服某单位的负责人购买他推销的产品,做了如下阐述:如果购买这件产品,整理文件的时间就会被节省40%。据我了解,目前贵单位有10名员工,每人每周的工作时间是40个小时,整理文件的时间占总工作时间的20%。如果买了这件产品,每周全体的工作时间就会减少32个小时,这样就几乎相当于减少了一个人的工作量。

(七)重复申述

把一件事重复申述,是加深对方认识的常用方法。特别是新观点,只讲一次两次,人们是不会留下深刻印象的。刘备三顾茅庐才说服诸葛亮出山辅佐自己。多次申述也可使对方感受到你对他的重视与尊重。重复申述的次数也要掌握好,次数过多,用得不当,会使人厌烦。

(八)举出具体例证

优秀的说服者都清楚,个别的、具体的事例和经验比概括的论证和一般原则更有说服力。在说服他人时,举出一些实例,把亲眼见过的人和事说出来,对方也会自然而然得出同样的结论。这种让对方自己得出的结论,比强加给他的结论要深刻得多。

【案例】

IBM公司的前总裁汤玛士·华生患有心脏病,有一次他旧病复发,必须马上住院治疗。"我怎么会有时间呢? IBM可不是一家小公司呀!每天有多少事情等着我去裁决,没有我的话……"华生一听医生建议他住院,立刻焦躁地回答。医生没有和他多说,而是邀他出去逛逛。不久,他们就来到近郊的一处墓地。"你我总有一天要永远地躺在这儿的。"医生指着一个个的坟墓说,"没有了你,你目前的工作还是会有别人接着来做。你死后,公司仍然会照常运作,不会就此关门大吉。"

第二天,这位在美国商场上叱咤风云的总裁就向董事会递上辞呈,并住院接受治疗,出院后他过起了云游四海的生活,而 IBM 也并没有因此倒下。

(九)引用名人名言

名人的话往往有一种号召力,特别是对于那些崇拜名人的人来说。因此,借助名人名言,有时会省去许多不必要的对话。引用名人名言时要注意:

1. 引证要明白确切

引证内容要有针对性,名人的姓名要说出来,并且原话至少要记得大意。

2. 要切合主题

引用名人名言要切合主题,不能为引用而引用。

3. 要引用权威者所说的话

因为在某个问题上,如果那个名人不是权威者,听者会产生一种心理障碍。如介绍经商的经验时,应引用事业取得成功的大企业家的话;介绍学习方法时,要引用桃李满天下的名师的话。

(十)提示具体方法

即使被说服者对说服者所讲的原则有所理解,也不要就此以为自己的说服工作已大功告成。接受了,并不等于已经找到了处理问题的具体方法。指出迷津所在,还要告诉对方解决具体问题切实可行的有效方法,这样才有助于对方了解行动的目标和步骤,并付诸实施。

(十一)选择合适时机

在对方态度很坚定,还没有准备接受说服之前,最好先不要急于去说。应该先探查他拒绝的原因,并选择一个成熟的时机继续说服工作,这样才能收到事半功倍的效果。

一般来讲,在对方的情绪处于轻松、愉悦的状态下做说服工作,效果比在疲劳、困倦、烦恼及不安状态下好得多。研究发现,在上午 10 点钟左右的时候,人体处于最佳状态,积极性高,做事有热情,并将一直持续到午饭时分。这个时间去做说服工作成功率比较高。

(十二)利用逆反心理

在改变人的态度时,根据逆反心理的特点,把某种劝说信息以透露秘密的方式告诉他,可能使被说服者更加重视这一信息,并毫不怀疑地接受它。

【案例】

法国曾经在很长时间内都没有推广土豆的培植。宗教界认为土豆是"鬼苹果",医生认为它对人体健康有害,农学家则断言土豆会使土地变得贫瘠。法国著名的农学家安瑞·帕尔曼彻在德国当俘虏时,亲口吃过土豆。回到法国后,他决心在故乡培植,可是很长时间他都未能说服任何人,于是他想出了一个办法:在国王许可下,在一块出了名的低产田里种了一批土豆。根据他的要求，由一队身穿仪仗队服、全副武装的国王卫士看守这块土地。但这些卫士只是白天看守，到晚上就全部撤走了。

这时人们受到引诱，每到晚上就来偷挖土豆，并把它们栽到自己的菜园里。土豆就这样在法国得到了推广。

(十三)利用时间差

利用时间差是在说服他人采取你希望的行动时，加入一个时间紧迫性的概念，即时效性。在表达紧迫性时，暗示对方失去这个机会的损失是什么，让对方产生损失厌恶的负面情绪状态。最好给予对方一定的选择权，以掩饰你希望对方尽快采取行动的目的。

大家可能都有这样的经历：闲逛时被某件商品吸引，正犹豫是否下手时，老板突然主动提议，如购买这件商品，将再送某某小东西，这样你会觉得非常划算，并立刻买下。其实老板运用的就是这个高成功率的说服技巧，以"时间差"来增加商品的超值感。

【案例】

心理学家做过这样一个消费行为的心理调查研究：在街道旁的一个烘焙坊，当随机走进店里的行人对蛋糕有兴趣并询问价格时，店家会主动告知售价，但会跟另外一位店内员工(已先串通好)讨论5～10秒钟，然后告知客人，如购买蛋糕可以多送一盒饼干，这种情况下愿意购买的人高达73％。但如果事先组合好蛋糕加一盒饼干，虽然售价相同，愿意购买的人却只有40％。

(十四)让对方多说"是"

开头先让对方连连说"是、是"，假若有可能，尽量避免让他说"不"。古希腊哲学家苏格拉底常用这种方式说服别人，所以，这种方法又称"苏格拉底问答法"。

用问题引导对方去思考，有利于建立双方的认同感。提问时应该让对方以更简洁的方式回答，从提问开始就不断引导对方。

(十五)"使人信"定式

美国心理学家杜威提出了说服他人的"使人信"的定式，由五个密切相关的步骤构成。这个定式在实际运用中，各个步骤可详可略，但其精髓不会改变。

1.直截了当告诉对方某处存在着极其严重的问题(状况)。
2.帮助对方研究分析该问题产生的原因。
3.帮助对方搜集各种可能解决问题的办法，并把自己准备提出的观点放在最后。
4.帮助对方依次分析和斟酌这些可能的解决方法。
5.最终使对方认可并接受其中最理想的解决方法，也就是放在最后的你认为最正确的方法。

(十六)归纳和演绎

1.归纳法

归纳法是一种从众多的事例中归纳出共同点的推理法。

(1)先举出许多例证。

(2)把例证中的各种共同点全部集中起来。

(3)借此强调结论的真实性与可靠性。

2.演绎法

当从论据中得出结论时,用的是归纳推理;而当把原理应用于实际情况时,用的就是演绎推理。两者过程相反,效果上却殊途同归。

四、拒绝

对别人有求必应,说起来很容易,做起来却很难。因为别人提出的要求并不全是合理的,有时候是无理的,如果你不去拒绝,可能会给自己带来麻烦。

拒绝别人要讲究方法,如果方法恰当,对方不仅不会怪你,反而会觉得你值得交往;如果方法不恰当,轻则导致对方不满,重则对你怀恨在心。

(一)避实就虚法

对某些严重违反原则或直接损害公众利益的要求,必须旗帜鲜明地拒绝。用一个否定词"不"严词回绝固然能表明态度,但在特殊的场合这样拒绝显然会僵化气氛,远不如采用似是而非的话,避实就虚地答复效果理想。

(二)顺水推舟法

对于某些问题,可以巧妙地把对方设置在同样的情境之中,引诱对方做出判断,从而让对方明白自己的处境或意思,而巧妙地拒绝对方的要求。

(三)善借外因法

可以寻找一个非个人的原因作为借口。例如,你向朋友借来一架性能很好的照相机,在校运会上为运动员照相。某同学看这相机的性能实在好,非要借用不可,你又无权转借,就需要耐心地解释,请他谅解。你可以说:"不是我不够意思,是借的时候人家说明不让转借才拿来的。咱俩关系不错,你可不能让我为难啊!"这是强调"外因"难以克服,双方友谊值得珍视,从而"推脱"拒绝的方法。

(四)寻求谅解法

这是一种突出"恳求"从而拒绝的方法,是常用的拒绝方法。运用这种拒绝方法,首先应抱诚恳的态度,也就是说自己确有不能满足对方要求的理由;同时还要尽量让对方理解自己拒绝的原因,使友情不受到伤害。

例如,你不得不拒绝一个演讲邀请,可这样对邀请者说:"很遗憾,我实在是安排不出时间来。对了,某某老师也讲得很好,他或许是比我更适合的人选呢。"

(五)心理满足法

在拒绝别人之前,可以明确表示你很希望满足对方的要求。这样做,至少可以在心理上使对方得到满足。

例如,有人邀请你双休日去郊游,而你早已有了其他安排。你可以说:"郊游?太棒了!我早就想和你一起好好到郊外玩玩了,可是……"你对没有答应他的要求表示了遗憾,他虽遭到了拒绝,但心里还是感激你的。需要注意的是,运用该法一定要坦诚,否则就会让人觉得你很虚伪,从而适得其反。

(六)正面诱导法

需要拒绝时,可以在言语中安排一两个逻辑前提,不直接说出逻辑结论,逻辑上必然产生的否定结论留给对方自己去得出,效果往往比较理想。

【案例】

战国时,韩宣王想重用两个部下,便问大臣摎留的意见。摎留明知重用二人不妥,但直言"不"的结果,一是可能冒犯韩王,二是韩王会误以为自己嫉妒贤能。于是摎留说:"魏王曾因重用这两个人丢过国土,楚国也曾因重用他们而丢过国土,如果我们也重用这两个人,将来他们会不会也把我国出卖给外国呢?"

(七)巧设比喻法

通过一些贴切的比喻来告诉对方你的拒绝,让对方知难而退。这种拒绝方法会让对方理解你的心意,他就不会轻易怪罪你了。

【案例】

庄子在濮水边钓鱼,楚王派两位大夫前去表达心意,说:"(楚王)希望把国家大事托付给您。"

庄子手持钓竿,头也不回地说:"我听说楚国有一只神龟,已经死了三千年。楚王特地用竹箱装着,手巾盖着,保存在庙堂之上。这只龟,是宁可死了,留下骨头受到尊贵待遇呢?还是宁可活着,拖个尾巴在泥地里爬呢?"

两位大夫说:"宁可活着,拖个尾巴在泥地里爬。"

庄子说:"你们请回吧!我还想拖个尾巴在泥地里爬呢!"

(八)含蓄暗示法

当你想拒绝与对方继续交谈时,可以做转动脖子、用手按揉太阳穴等漫不经心的小动作。也可以用目光旁视,或起身走动来表示你对谈话不感兴趣的心理。还可以是语言暗示,旁敲侧击,如:"还要给你添点茶吗?""还有别的事吗?我正打算出去。"从而间接表达拒绝继续交谈的愿望。

五、辩论

刘勰言:一人之辩,重于九鼎之宝;三寸之舌,强于百万之师。

辩论,指彼此用一定的理由来说明自己对事物或问题的见解,揭露对方的矛盾,以便最后得到共同的认识和意见。"辩"是辩解、辩护、辩驳、辩明;"论"是讲述、议论、论理、论证、证明。合起来的"辩论",就是指运用口头语言进行明辨是非、探求道理的言语角逐。即参与对话的双方站在相对立的立场上,就同一问题进行针锋相对的争论。辩论也是双方综合素质、多种知识及能力的较量和体现。

(一)辩论的类型

辩论大体分为三类:一是日常争论,二是专题辩论,三是赛场辩论。

1.日常争论

日常争论,是指在日常生活和工作中,人与人之间存在着不同想法、看法、做法,因此而发生的争论。适当的争论是明辨是非、维护正气、集思广益、促进工作、消除分歧、增进团结的有效途径。

2. 专题辩论

专题辩论,是指在特定的场合对特定的议题展开的辩论,如决策辩论、外交辩论、法庭辩论、谈判辩论、论文答辩及竞选辩论,等等。

因辩论的场合、辩论的内容、辩论的目的及参与辩论者身份的不同,各种专题辩论所呈现的特点也不同。例如:法庭辩论具有庄重、公正、平等的特点;贸易谈判辩论具有合作性、互惠互利的特点;而外交辩论则表现出政治性、原则性、灵活性和礼节性的特点。专题辩论还带有很强的职业性与专业性的特点,常常是专业知识、职业规范的具体运用。

3. 赛场辩论

赛场辩论,是指有组织地按照一定的规则、一定的程序开展的竞赛活动。赛场辩论的特点有以下三个:

(1) 演练性

赛场辩论的主要目的是通过比赛来训练与检验双方的能力和技巧。胜方观点不一定代表真理,而败方的观点不一定是谬误。

(2) 立场的非主观性

赛场辩论中,对立双方的立场是由抽签决定的。抽到正方的立场,就必须全力维护正方观点,驳斥反方观点;抽到反方的立场,必须维护反方观点,驳斥正方观点。不论抽签的立场与自己固有的看法是否相悖,都必须把它当作真理来维护。

(3) 规则的公平性

赛场辩论作为一种竞赛,是按照严格的比赛章程进行的。在赛场上,辩论双方地位平等、机会均等,出场人数、发言时间也一样,评判标准和条件都一致,胜负是由评委决定的。

(二)辩论的技巧

1. 以牙还牙

以牙还牙即在虚假肯定后立刻进行逻辑性的转折,或直接"以其人之道还治其人之身",完成反击。

【案例】

一个小男孩到烧饼店买了一个两元钱的烧饼,他发现烧饼比平时小了许多,就问店主:"为什么烧饼比平时小?"店主说道:"烧饼小点儿,你拿起来方便。"男孩没有争辩,给了店主一元钱转身就要走。店主叫住他说:"你还没给够钱哪!"男孩答道:"这样你数起来也方便。"

2. 移花接木

移花接木即剔除对方论据中存在缺陷的部分,换上有利的观点或材料。这样往往可以收到"四两拨千斤"的奇效。

【案例】

在中央电视台和新加坡电视机构共同主办的"95国际大专辩论会"上,辩题为《治贫比治愚更重要》,有如下精彩的辩论:

正方:对方辩友以迫切性来衡量重要性,那我倒要告诉您,我现在肚子饿得很,十万火急地需要食物来充饥,但我还是要辩下去,因为我意识到辩论比充饥更重要。

反方:对方辩友,我认为"有饭不吃"和"无饭可吃"是两码事。

3. 请君入瓮

在辩论中,发现对方提出无理的问题时,可模拟同样无理的问题,作为许诺解答的前提,只要对方能解答,自己一定能解答,这种技巧称为"请君入瓮"。

【案例】

传说,云南有一位聪明伶俐的白族姑娘。有个人想和她斗智,他一脚踩着马镫,身子向上挺,然后问姑娘:"你说我是上马,还是下马?"这意思很清楚:如果说他是上马,他就下马;如果说他是下马,他就上马。无论说他上马还是下马,都不对。

姑娘缓步走到门边,伸出一只脚踩在门槛上,另一只脚踩在门外,反问那个人:"你说我是进门,还是出门?你先回答我的问题,我就能回答你的问题。"

4. 釜底抽薪

在辩论中,对方往往提一些古怪的问题,或故设谬论相刁难,或反以荒谬的理论相诘。通常,这种提问是有预谋的,它能置人于两难境地,无论做哪种选择都于己不利。对付这种提问的具体技法通常是打破正常的思维模式,从对方的选择性提问中,抽出一个预设选项进行强有力的反诘,恰到好处地按提问者的反常思路去构思答案,以对方的谬误为基础,以谬制谬,以毒攻毒。

【案例】

传说一个县官上任不久就将官印丢失了,便责令手下三天内把所有的盗贼抓来审问。手下建议把那些祖上偷过东西的人抓来审问,县官同意了。

县官问第一个人:"你祖上偷过什么东西?"那人说:"我父亲小时候偷过一棵白菜。"县官说:"父亲偷过东西,儿子也一定偷东西。你把本县的大印偷到哪里去了?"那人直喊冤枉,结果被打了一百大板。

县官又审问第二、第三个人,都不过如此。第四个被审问的是个年轻人,他走上公堂,在公案前站着。县官呵斥道:"见了本官为何不跪?"年轻人说:"对不起,我祖父膝盖上害过疗疮,我跪不得。"县官大怒,拍案骂道:"你祖父膝盖上害过疗疮和你有什么相干,快跪下!"年轻人说道:"那么,人家祖上偷过东西和子孙又有什么相干呢?"县官被问得哑口无言。

5. 攻其要害

当对方提出一个令人无法回答的问题时,假如勉强去回答,可能会闹笑话,此时就要机智地避开对方的问题,另外找对方的弱点反击。然而,如果对方一提问题,另一方立即回避,势必会给评委和听众留下不好的印象,以为另一方不敢正视对方的问题。在更多的情况下,需要的是"避虚就实""避轻就重",即善于在基本的、关键的问题上打硬仗。善于敏锐地抓住对方要害,穷追猛打,务求必胜,乃是辩论的重要技巧。

【案例】

据说,哥伦布发现新大陆以后,有些人不服气,在庆功宴上说:"发现新大陆有什么了不起,任何人通过航海都能到达大西洋彼岸,这是世界上最简单的事情。"

哥伦布从桌子上拿起一个鸡蛋说:"先生们,这是一个普通的鸡蛋,谁能让他立起来呢?"鸡蛋在与会者之间传了一圈,没有人能把它立起来。当鸡蛋又回到哥伦布手里时,他敲破了鸡蛋的一端,很轻易地让鸡蛋立了起来。哥伦布说:"你们都看到了,这难道不是世界上最容易的事情吗?然而,你们都做不到。是的,这很容易,一旦人们知道了某种事情应该怎样做以后,也许一切都轻而易举。但是,当你不知道应该怎样去做时,任何一件事情都不是那么容易。"

6.巧设陷阱

"巧设陷阱"就是所谓引诱法,诱导对方陷入自相矛盾,使其走入自我否定的混乱逻辑内。

【案例】

一个人家里丢了一匹马,得知被一位邻居偷走了,便同一位警察到他家里去要。但邻居拒绝归还,并声称那是他自家的马。

这个人灵机一动,走上前去,用双手蒙住马的两眼,对邻居说:"如果这匹马是你的,请告诉我,马的哪只眼睛是瞎的?""右眼。"邻居答道。丢马的人放开右手,然而马的右眼并不瞎。一切真相大白了,邻居不得不将马归还了此人。

7.欲擒故纵

先纵"敌"深入,而后擒"敌","纵"是为了"擒"。

【案例】

一天,鲁迅匆匆来到一家门面堂皇、设施典雅的理发店。一位理发师见来客一副贫寒模样,就用冰冷的态度招呼他坐下,一声不吭地马马虎虎理了十分钟就草率完事。鲁迅起立后,对着镜子照了照,随手从衣袋里抓了一大把铜钱塞在理发师手里就走了。理发师又惊又喜,他后悔自己有眼无珠,说不定那人是个有怪癖的达官贵人呢!

一个月后,鲁迅又来到这家理发店。那个理发师一眼就认出了他,急忙笑脸相迎,又是奉茶,又是敬烟。理发师大显身手,足足花了一小时,直到感觉这是自己多年来未曾有过的杰作时才罢手。鲁迅对着镜子照了照容光焕发的自己,从衣袋里掏出一个铜板,放在理发师的手中。理发师愣住了,他硬着头皮问鲁迅,此次为何不慷慨大方了?鲁迅十分平静地说:"这是付给你上次给我乱理发的钱,你这次给我认真理发的钱已在上次付了。"

8.借题发挥

借题发挥法就是不放过任何机会宣传自己的观点,并注意扩大其影响。比如,对方提出论题,如未阐述、证明,或论证不合理,就可接过这一论题趁机加以发挥,不仅能变被动为主动,还能收到意想不到的效果。

【案例】

法国文豪伏尔泰曾有一个懒惰的仆人。一天,伏尔泰让他把鞋子拿过来,发现鞋子上布满了泥污。于是伏尔泰问道:"你早上为什么不把它擦干净呢?""用不着,先生。路上净是污泥,两小时后,您的鞋子又和现在的一样脏了。"

伏尔泰没有讲话,微笑着走出门去。仆人赶忙追上去说:"先生,钥匙呢?""什么钥匙?"伏尔泰故意问道。"橱柜的,我还要吃午饭呢。""我的朋友,还吃什么午饭,反正两小时后你又将和现在一样饿嘛。"伏尔泰笑道。

9.有条不紊

思想工作者常常会采取"冷处理"的方法,有条不紊地处理棘手的问题。这表明,在某些特定的场合,"慢"也是处理问题、解决矛盾的好办法。

【案例】

在商店里,一位顾客气势汹汹找上门来,喋喋不休地说:"这双鞋鞋跟太高了,样式也不好……"营业员一声不吭,耐心地听她把话说完。

等顾客不再说了,营业员才冷静地说:"您的意见很直爽,我很欣赏您的个性。这样吧,我到里面去,再另行挑选一双,好让您称心。如果您不满意的话,我愿再为您服务。"

顾客发泄完不满情绪,觉得自己有些过分了,又见营业员是如此耐心地回答自己的问题,于是感觉很不好意思。她来了个180°的大转弯,称赞营业员给她新换的实际上是并无太大差别的鞋,说:"嘿,这双鞋好,就像是为我定做的一样。"

六、谈判

谈判,"谈"是指双方或多方之间的沟通和交流,"判"就是决定一件事情。只有在沟通的基础上,了解对方的需求和内容,才能做出相应的决定。谈判是有关方面就共同关心的问题互相磋商,交换意见,寻求解决的途径和达成协议的过程。

谈判是一门综合性的学科,它被公认为是社会学、行为学、心理学、管理学、逻辑学、语言学、传播学、公共关系学等众多经济、技术科学交叉的学科。

(一)谈判的基本技巧

1.重复法

相互重复对方的言行来获得认同是一个信号,表明双方开始紧密联系,并建立起一种趋向信任的和谐关系。在对方发表不同意见后,一个富有经验的谈判者总是会用自己的话将对方的意见重复一遍,但这种重复不是一字不差地照搬,而是把它变成自己的话,并在重复时削弱甚至改变异议的实质,使一个十分尖锐的反对意见变成一个普通的问题,从而使得对方的意见变得比较容易对付。

例如,一方说:"我们认为交货时间太晚了。"另一方说:"那么,您认为交货时间不够早,是吗?"虽然只换了几个字,语气却明显地平和了。

2.激将法

激将法就是通过一定的语言手段刺激对方,激发对方产生情绪波动和心态变化,并使这种情绪波动和心态变化朝着另一方预期的方向发展,使其下决心去做某种另一方希望他去做的事。

运用激将法时,只有掌握好火候,才能使对方早下决心。若火候不足,语言不力,则激发不起对方的情感波动;而若火候太过,则会给对方造成很大的心理压力,使对方产生逆反心理,从而一味固守其本来的立场、观点。

3.赞美法

社会心理学家认为,人们对最先感知的信息印象较深刻,而对其后所感知的印象较淡薄,这种心理现象称为"首因效应"。谈判时先用真诚的赞美去引起他人美好的情感,将会使受称赞者心情愉快,认为自己受到肯定,同时对称赞者产生好感,这样就为谈判双方缩短距离、进行心灵沟通打下了良好的基础。

4.示弱法

任何一个谈判者都不会永远处于优势地位,如果遇上了一个强于自己的对手,示弱也是一种取胜的法宝。

首先,示弱给了强者一个表现自我的机会,强者往往乐于帮助弱者;其次,示弱是一个弱者最强的表现。软弱也是一种力量,它可以使强者无用武之地。

5.比喻法

成功的谈判者总是能够在需要的时候随时随地举例子,使自己的话变得生动、具体、有说服力和吸引力,使自己的观点变得容易为对方所理解并最终被接受。

在谈判中,有时运用一个形象生动的比喻,化抽象为具体,化深奥为浅显,化生僻为通俗,往往能起到意想不到的效果。

6.绕弯法

绕弯法,就是不把想说的意思直接说出来,而是先谈一些貌似与主题无关,令对方感兴趣、能接受的话题,然后由小及大、由少到多、由浅入深、由远及近、由轻到重、由易到难地一步一步引入正题。这样,由于有了前面的层层铺垫,本来令对方难以接受的意见听起来就显得不那么尖锐,不那么难以接受了。

在谈判中,出现僵局是很常见的。如果双方都固执己见,针锋相对,有时会"欲速则不达",导致谈判破裂。不妨多花点时间做铺垫,让紧张的谈判气氛缓和下来,与对方建立心理相容的关系,然后一步步引出主题,让对方接受。

7.反说法

反说法就是正话反说,不从正面对对方的观点进行驳斥,而是从对方的观点出发,把他的观点尽情引申、发挥、夸张,而得出其观点违反常理、颠倒是非的结论,从而显示其观点的荒谬性,让对方自己醒悟。

8.暗示法

有时谈判者直接说明观点会给对方造成伤害而形成对抗,这时可用隐约闪烁的话从侧面启发对方,来间接表达思想,让对方细细品味,最终接受。

9.数字法

数字法,就是在谈判时把自己的意见通过精确的数字来表达,使对方感到你精通某个问题,从而产生信任感。

人们对数字普遍有一种信赖的心理。数字虽然枯燥,但它可以客观、精确地反映问题,表现事物。在谈判中,用数字来帮助说明观点,可以大大增强说服力。

10.刚柔法

刚柔法,就是在谈判中利用态度、语气形成一种气势来威慑对方的一种刚柔相济的技巧。

有时,谈判者一味地好言相劝可能达不到目的,尤其当对手态度强硬时,可以采用刚柔法。在谈话中既要有顺耳中听的温言软语,又要有尖锐犀利的言辞,向对方表明自己既有诚恳、友好的合作态度,又坚持原则、无所畏惧。不卑不亢,有理有节,对方比较容易妥协。

(二)谈判的策略技巧

1.入题技巧

与日常交谈一样,谈判也可从寒暄开始,既可破题,又可创造轻松愉快的谈判氛围。一个有经验的谈判者能透过相互寒暄时的应酬话,去掌握谈判对象的背景材料,如他的兴趣爱好、处事方式、谈判经验、工作作风等,进而找到双方的共同语言,为相互的心理沟通做好准备。

正是由于寒暄具有独到的作用,因此人们谈判时应该着意选择寒暄的话题,最容易引起对方兴趣的话题莫过于谈到他的专长。

(1)从题外话入题

①谈有关气候的话题。如"今天的天气真冷""还是生活在南方好啊,一年到头,温度都这么适宜"。

②谈有关旅游的话题。如"我国的兵马俑堪称世界一绝,没有去看真是一大遗憾""各位这次经过泰山,有没有去玩玩,印象如何"。

③谈有关新闻的话题。如"昨天奥运会闭幕式你看了吗?中国代表队获得本届奥运会金牌总数第一"。

④谈有关旅途的话题。如"各位昨天的火车正点到站了吗?一路上辛苦了""这里火车票一向不好买,各位最好提前几天买票"。

⑤谈有关名人的话题。如"听说某影星要出任某巨片的主角,这真是再恰当不过的人选了,他很可能要拿'百花奖'什么的""某某告别体坛了,他这么年轻就退役,实在可惜了"。

(2)从客套话入题

如果对方为客,来到东道主方所在地谈判,应该谦虚地表示各方面招待不周,没有尽好地主之谊,请谅解,等等。

(3)从主方的情况入题

主方介绍一下自己的情况,讲一些较谦虚的客套话,比如"自己缺乏谈判经验,希望各位多多指教,希望通过这次谈判建立友谊",等等。

(4)从介绍人员入题

东道主方可以在谈判前,简要介绍一下参加人员的经历、学历、年龄及成果等,由此打开话题,既可以缓解紧张的情绪,又可以不露锋芒地显示谈判队伍强大的阵容,使对方不敢轻举妄动,等于暗中给对方施加了心理压力。

(5)从介绍情况入题

在谈判开始前,东道主方先简要介绍一下自己的生产、经营及财务等基本情况,提供给对方一些必要的资料,以显示自身雄厚的实力和良好的信誉,坚定对方与其合作的信心。

2.陈述技巧

对不同的谈判者应有针对性。如果对方很有修养,语言文雅,东道主方也要彬彬有礼;如果对方语言朴实无华,东道主方用语也不必过多修饰;如果对方语言爽快、耿直,东道主方就无须迂回曲折,应干脆利落地摊牌。

(1)转折语

转折语是谈判中陈述某种观点的技巧之一,谈判中如果遇到问题难以解决,或者有话不得不说,或者接过对方的话题转向有利于自己的方面,都要使用转折语。这时可以使用"可是""但是""虽然如此""不过""然而"等,这种用语具有缓冲作用,既不会使对方感到难堪,又可以使问题向有利于自己的方向转化。

(2)解围语

当谈判出现困难,无法达成协议时,为了突破困境,给自己解围,可以运用解围用语。只要双方都有谈判诚意,就可能接受彼此的观点,促使谈判成功。例如:"就快要达到目标了,真可惜!""行百里者半九十,最后的阶段是最难的啊! 这样做,肯定对双方都不利。""既然事情已经到了这个地步,懊悔也没用,还是让我们再做一次努力吧!"

3.提问技巧

(1)试探性问题

是指谈判者试探对方防御的一种提问方法,提问者试图在对方的主张中发现弱点,而由此占据谈判的优势。

(2)具体问题

一个只能提供具体答案的问题称为具体问题,其性质取决于问题本身的措辞,如"你们生产和检验的程序是怎样的"。具体问题和攻击性的问题是不能盲目提出的,提问者必须是在知道对方的答案或至少知道一部分时,才采用这种进攻方式。

(3)"是否"问题

提问者尽量不要提出对方只能以"是"或"否"作答的问题,除非提问者事先已准备好理由,而且确信他将得到所需要的回答;另一类情况是,这类问题如果都有事实可以作答,就会使提问者陷入绝境,除非提问者已准备好补充的问题。所以,一项"是否"问题只能在两种情况下提出:一,提问者相信提出的问题是对方的一个弱点,并已准备好继续提的问题;二,提的问题是提问者满意的且是想加以确认的。

(4)进攻性问题

这是一种既有价值又危险的提问方式。这种提问容易引起对方冲动,并且可能引起冲突。一般情况下,冲突是要尽量避免的,而这种提问,恰是在深思熟虑之后才提出的。凡属下列一类的提问,都称为进攻性问题:"你怎么能证明那是合理的呢?""那怎么能算有根据呢?"

4. 让步技巧

谈判场上的让步,往往是一种互动性行为。只有自己的让步才会换来对方的让步,如果双方互不相让或一方始终不做任何一点让步,那么谈判就会破裂。在谈判中,让步时应注意以下三点:

(1)让步的速度

让步不可太快,因为双方等得越久,越会珍惜获得的让步(这种等待要让对方明显地感到是有希望的),不致得寸进尺。

(2)让步的幅度

成功的谈判者所做的让步,通常都会比对方做出的让步幅度小。他们会着重强调让步的困难性,给对方的感觉是他们已做出了很大的牺牲,而失利的一方通常无法把握让步的幅度并控制让步的速度。

(3)让步的性质

不做无谓的让步,即每次让步都要从对方那里获得某些益处。在实质性问题上,千万不要轻易让步,但在一些细枝末节问题上,可首先主动让步,尤其可以多做一些对自己实质上没有任何损害的让步。例如:"如果我把订单扩大两倍,你在价格上是否可以再让利20%?""如果我同意这次购买提供专项拨款,你是否可以马上在订单上签字?"

让步有时会减少收益,但有时却并不减少;有时做出了让步,对方并未感觉到;有时你未做出实质上的让步,对方却感觉到了你的让步,这就是于己无损的让步。

5. 扭转技巧

一旦僵局出现,谈判者就要分析出现的原因、结果及自己因此可能承担的责任,这些考虑可能促使谈判者做出让步决策,化解僵局压力。也正因为如此,有些谈判者在明明可让步的情况下拒不让步,有意造成僵局,以达到迫使对方让步的目的,这也是一种谈判战术。

(1)间接处理

①形式上肯定,实质上否定。承认对方在非实质性问题上的意见或其中一部分,然后引入某些对方无法得知或无法否认的信息和理由,将对方的意见予以否定。例如,对方谈判代表说:"用……包装的商品我们不能要!"若经过分析,发现对方的意思只不过想

为讨价还价寻找借口,则可以回答:"其实不只是你们,有好几个用户都认为这种包装的商品不好看。但是如果真正了解这种包装对商品无可比拟的运输保护能力和拆下包装后改作他用的使用价值,你们就会发现采用这种包装的好处了。"

②借用对方的理由来说服对方。即将对方意见中对己有利的部分提出来,用其说服对方改变看法。

③引导对方自我否定。即谈判者不立即表态,而是通过提出问题,让对方逐步否定原来的意见。

④先强调,后削弱。即谈判者先以看似强调的口气,把对方的反对意见复述一遍,然后再逐渐弱化这种意见。在复述时,不应改变其本意,但在形式上可以把文字顺序颠倒。例如,当对方说"你们厂这个系列的商品怎么又涨价了,太不合理了,我们不买了",这时可以这样回答:"是的,我们理解你们的心情,价格同去年相比,确实高了一点……其实,我们也不希望涨价。可是,××原料紧缺,价格上涨,这些事不是你们或我们做得了主的,我们也是不得已呀。"

(2)直接处理

①例证证明。即运用大量例证来支持自己的意见(但要注意不可捏造证据),尤其是权威部门的文件、规定、市场先例等,都可以作为谈判的例证使用。

②绕过分歧。即形式上处理分歧,实质上绕过分歧。换言之,谈判者避开双方争执不下的问题,去讨论那些容易形成一致意见的问题,努力创造一种合作的谈判气氛,待某些问题得到解决之后,再回过头去讨论引起争执的问题,事情就会好商量了。

面对谈判僵局,有时一方若能主动提出放弃进一步谈判,断其后路,对方很可能出现妥协和让步,放弃原来的过分要求而达成协议。

6.引诱技巧

(1)引诱对方暴露真实情况

谈判开始,对自己一方的情况应隐而不露,不轻易亮出底牌。一定要设法让对方先开口说话,引诱对方暴露其真实情况。一是出于礼貌,显示出自己对对方的尊重;二是可以从对方的只言片语中窥视其心理活动,以赢得调整思维、部署新方案的机会。有时,精明的对方也不肯首先表态,那么,就可以提出一些假设性的问题。例如:您是否对我们的产品有不满意的地方?如果我们同意您的前三个条件,那么,限期是否可以放宽一些?如果800美元的价格我接受,您是否能够当场拍板成交?如果成本没提高,产品价格也不会提高吧?引诱策略的目的,就是将对方的要求、成交的打算等方面的情况弄清楚,掌握得越多、越细越好。

(2)引诱对方同意观点和建议

这种引诱,重在用自己的利益诱导。谈判者在谈判过程中之所以提出某个建议,就是认为这个建议的实施对自己有利。而对方也是基于同样的原因来反对这个建议,因为他们会认为这个建议对他们不利。无论哪一方,无论是什么类型的谈判,都可以用利益诱导对方同意自己的观点和建议。

7.口头语技巧

(1)"顺便说说"

一个人"顺便说说",表面上是这句话不重要,但实际上,他真正要表达的是:讨论中的论点对他们是很重要的,请注意听。

(2)"坦白地说"

使用此措辞的人真正要表达的是:你要特别留心我即将要说的话,因为我认为这句话很重要。

(3)"在我忘记之前……"

此措辞类似于"顺便说说",表面看来并不重要,实则隐藏着对手很重要的论点。此措辞被使用的频率颇高,谈判者应视它为信号,表示对谈判来说是颇重要的事。

(4)"不过……"

在日常用语中,与"不过"同义的还有"但是""然而"等,以这些转折词作为提出质问时的"前导",会使对方较容易作答,同时又不致引起其反感。这是在谈判中经常被运用的一种说话技巧。

(5)"如果……那么……"

这种策略能使谈判不拘泥于固定形式,用在谈判开始时的一般性探底阶段,效果是相当明显的。例如,在谈判中不断地提出如下类似的问题:"如果我们自己检验产品质量,那么,你们在技术上会有新的要求吗?"在试探和提议阶段,这种提问方法不失为一种积极的方式,它有助于双方为了共同的利益而选择最佳的成交途径。

(6)太极推手

谈判于己不利时,可以借故推脱本次谈判。例如,可以这样说:"价格问题要由我的上司拍板,我们另外找个时间商议吧。"或者说:"我今天身体有点不舒服,我们是否改日再谈?"这样既保全了面子,又维护了自身利益,可谓一举两得。

8.沉默技巧

谈判中沉默所表达的意思是丰富多彩的,它既可以是无言的赞许,也可以是无声的抗议;既可以是欣然默认,也可以是保留己见;既可以是威严的震慑,也可以是心虚的流露;既可以是毫无主见、附和众议的表示,也可以是决心已定、不达目的绝不罢休的标志。谈判者应根据谈判进展和现场气氛,分析对手沉默的真实含义,从而做出对策。当然,在一定的语言环境中,沉默语的语义是明确的。需注意的是,实施沉默后,不要继续提出其他问题或发表评论,以防止对手抓住话柄,这样,沉默策略才有可能奏效。

9.结束技巧

(1)相关的资料无法查及

直接告知对方无法获得对方索要的资料,或委婉地告知对方这些资料正在搜集整理中,暂时无法提供。这样,对方也就没有再坚持下去的必要了。

(2)适时离开

在双方签订合同之后,谈判者应该用巧妙的方法祝贺他们做了一笔好生意。如指导对方怎样保养产品,重复交易条件的细节和其他一些注意事项,防止对方后悔。在这个阶段以后,就不要再逗留了,以免前功尽弃。

(3)提供对谈判无大影响的资料

当对方索要相关资料的时候宜采取间接拒绝的方式,可给对方提供一些笼统的、表面的东西,此时对方会感受到你不想继续谈判了。

(4)对交易条件的最后检索

进行最后的回顾或检索,应当以协议对谈判者的总体价值为根据,对本方固守观点而未解决的问题应予以重新考虑,以权衡是否做出相应让步。这个时候,也就意味着谈判快要结束了。

(5)最终意图的表达

当自己的选择十拿九稳时,应使用短小精悍的语言,给对方的问题以简洁的答复,最终意图会立刻显示出来,最后的结果也就确定下来了,对方会知道你不可能再做进一步的让步,谈判也就可以结束了。

【情境演练】

游戏:圆桌战

一、规则

一个辩题有正反两个观点。从第一个人开始,他可以优先选立场,然后说一句论证的话;接着第二个人(顺时针或是逆时针,可自行确定)为另一个观点论证,或是驳第一个人;第三个人与第一个人同观点,论证第一个观点或驳第二个人;第四个人与第二个人同观点。以此类推,可一直轮下去。若圆桌人数为偶数,则大家的立场是不变的。若圆桌人数为奇数,则每轮一圈后大家立场都会改变,所以要注意听前一人的观点,以免搞错。

二、作用

培养反应、论证、倾听、记忆和配合能力。这种方式与比赛相比,省时省精力,而且大家围坐在一起有助于减轻紧张情绪。

【情境拓展】

语商(LQ)测试题

语商(LQ)是指一个人学习、认识和掌握运用语言能力的商数。具体地说,它是指一个人语言的思辨能力、说话的表达能力和在语言交流中的应变能力。

测试题:

1.你觉得会说话对人一生的影响(　　)。

A.重要　　　　　　　　B.一般　　　　　　　　C.不重要

2.有人告诉你某某说过你的不是,你会( )。

A.主动与他交谈　　　　B.处处提防他　　　　C.也说他的不是

3.你说话被别人误解后,你会( )。

A.多给予谅解　　　　B.忽略这个问题　　　　C.不再理人

4.在公共场合,你的表现是( )。

A.很善于言辞　　　　B.不善言辞　　　　C.羞于言辞

5.你和很多人在一起交谈时,你会( )。

A.善用言辞来增加别人对你的好感

B.让别人说,自己只是旁听者

C.有时插上几句

6.假如一个依赖性很强的朋友打电话与你聊天,而你现在正忙于工作,你会( )。

A.问他是否有重要事,如没有,回头再打给他

B.告诉他你很忙,不能和他聊天

C.不接电话

7.因为一次语言失误,在同学间产生了不好的影响,你会( )。

A.以良好的言行尽力寻找机会挽回影响

B.害怕说话

C.一样地多说话

8.在朋友的生日宴会上,你结识了朋友的同学。当你再次看见他时,你会( )。

A.立刻叫出他的名字,并热情地交谈

B.聊几句,并留下新的联系方式

C.匆匆打个招呼就过去了

计分标准:

选A计2分;选B计1分;选C计0分。

结果分析:

1.得分为6分以下:语商较低,语言表达能力和语言沟通能力还很欠缺。应多寻找一些与人进行语言交流的机会,努力培养自己的讲话能力。

2.得分为6~11分:语商良好,语言表达能力和语言沟通能力一般。应主动出击,在语言交流中赢得主动权。

3.得分为12~16分:语商很高,清楚怎样表达自己的情感和思想,能够很好地理解和支持别人。

模块七 职业仪态训练

引 例

维也纳著名的心理学家亚德洛在美国中部一所大学演讲,学生们本来存心想跟他过不去,但当看到他脸上的笑容时便产生了好感。等到他演讲完,全场响起热烈的掌声,一个学生塞给他一张纸条,上面写着:"亚德洛先生,您的微笑把我们征服了。"

> 从仪态了解人的内心世界、把握人的本来面目,往往具有相当的准确性与可靠性。
>
> ——意大利博学家达·芬奇

仪态,又称体态,通常是指人的身体呈现出的各种姿态以及人在各种行为中所表现出来的风度。身体姿态是身体所呈现的样子,风度则是内在气质的外在表现。

仪态是心灵的外衣,是一种内涵极为丰富的"语言",它不仅反映一个人的外表,也可以反映一个人的品格和精神、气质,因此仪态又被称为体态语。举止的规范到位与否,直接影响他人对自己的印象好坏和评价高低,一个人的内在涵养越丰富,外部表现出来的美也就越有深度,所谓"有动于衷,流露于外"。

情境一 职业举止

一、站姿

站姿,又称为站相,指的是人在站立时呈现出的具体姿态。它是人的仪态的静态造型,是动态造型的基础和起点。优美的站姿能体现出一个人的自信,并给他人留下美好而深刻的印象。

对站姿的要求是"站如松",其意思是站得要像松树一样挺拔,同时还要注意站姿的优美和优雅。

（一）女性的站姿

对女性站姿的基本要求是优雅。

1. 双脚

脚跟应靠拢在一起，脚尖应相距 10 厘米左右，其夹角为 45°，呈"V"字形。双脚可一前一后，前一只脚的脚跟轻轻地靠近后一只脚的脚弓，将身体的重心落于后一只脚上，双脚切勿分开，甚至呈平行状，也不要将身体的重心均匀地分配在双腿上。

2. 双膝

在正式场合双膝应挺直，而在非正式场合，则伸在前面的那一条腿的膝部可以略为弯曲，即"稍息"。但是不论处于哪一种场合，双膝都应当有意识地靠拢。

3. 双手

在站立时若非拎包、持物，则可将右手搭在左手上，然后贴在腹部，同时应当注意放松双肩，使双肩自然下垂。

4. 胸部

在站立时胸部应略向前方挺出，同时要注意收紧腹肌并挺直后背，使身体的重心集中于双腿中间，不偏不斜，使自己看起来精神振奋、线条优美。

5. 下颌

下颌微内收，颈部挺直，双目平视前方，以使自己显得自然放松。

（二）男性的站姿

男性站立时要挺直背部，缩回下颌，并伸长后颈。双肩往后拉，两侧对称，挺起胸部，收紧腹肌。若采用开放式的站姿，双脚分开约与肩同宽，抬头挺胸，眼睛直视前方，则会给人坦率、自信的感觉。除挺胸收腹之外，还要立腰，双腿要直，膝盖放松，大腿稍微收紧上提，身体的重心落于前脚掌上。站累时脚可以向后撤半步，但上身仍要保持挺直。

1. 侧立式

脚跟并拢，脚尖张开呈 45°～60°夹角，双手放在腿部两侧，手指稍弯曲，呈半握拳状。

2. 前腹式

脚跟并拢，脚尖张开呈 45°～60°夹角，左手搭在右手上放在小腹部位。

3. 后背式

双腿稍分开，保持平行，比肩宽要窄，双手在背后轻握放于后腰处。

二、坐姿

坐姿的重点是坐定后的姿态，一般要兼顾深浅、角度及舒展三个方面。坐有深坐、浅坐之别。深浅，即坐下时臀部与座位所接触面积的多少；角度，指的是坐定后上身与大腿、大腿与小腿所形成的角度；舒展，即入座后手、腿、脚的舒展程度。

（一）就座

就座，即走向座位直到坐下的整个过程。它是坐姿的前奏，也是其重要组成部分。

1.顺序

通常说来,就座时合乎礼仪的顺序有两种:一是尊长优先,即请位尊的人先就座;二是同时就座,适用于平辈人或者亲友、同事之间的情形。

2.方位

就座时,无论从什么地方走向座位,通常都讲究从左侧一方入座。在就座时,应转身背对座位。如距座位较远,可以右脚后移半步,等到腿部接触座位边缘后,再自然坐下。穿着裙装的女士,通常应先用双手抚平裙摆,然后再就座。坐下后,右脚与左脚应平齐。

3.落座

在就座的整个过程中,不管是移动座位还是做其他相关动作,都不能有明显的响动。调整坐姿同样也不宜出声,有条不紊、悄无声息本身就是一种尊重他人的行为表现。

(二)落座

入座后的姿势,是坐姿中的重要仪态,也是坐姿的基本规范,一般来说,以占据整个座位的2/3为宜。

1.坐姿

在正式社交场合,入座后要注意保持坐姿端正,气定神闲,目光凝视,顾盼有度,既不要倚靠座背,也不要仰靠座背。

2.手姿

坐定之后,双手应掌心向下,叠放在大腿之上或自然地置于桌面。

3.腿姿

当直接面对尊长或贵宾时,双腿应当并拢。通常情况下,男士就座后,双腿可适当分开一些,不宜超过肩宽;女士就座后,双腿务必并拢,身着短裙时尤应如此。在非正式场合,双腿可以叠放或斜放。双腿叠放时,膝部以上部位要并拢;双腿斜放时,双腿与地面的夹角不宜小于45°。

4.脚姿

双脚应自然平稳落地,脚尖应朝向正前方或侧前方。

(三)离座

1.礼貌声明

离座时,身旁如有人在座,应用语言或动作先向其示意,随后再站起身来。

2.注意次序

与他人同时离座时,如地位低于对方应稍后离座,地位高于对方可以首先离座,双方身份地位相近时可以同时离座。

3.起身轻缓

离座时,动作要轻缓,避免弄出响声或将椅垫、椅罩弄到地上。

4.站定左出

离座时,右脚向后收半步再站起,站定后从左侧离开。

(四)基本形式

1.女性坐姿

(1)标准式

抬头收下颌,挺胸收肩,两臂自然弯曲,两手交叉叠放在偏左腿或偏右腿的地方,并靠近小腹。两膝并拢,小腿垂直于地面,两脚尖朝正前方。

(2)前伸式

在标准坐姿的基础上,两脚向前伸出一脚的距离,脚尖不要翘起,上身可略向前倾。

(3)前交叉式

在前伸式坐姿的基础上,右脚后屈,与左脚交叉,两踝关节重叠,两脚尖着地。

(4)屈直式

右脚前伸,左小腿后屈,大腿靠紧,两脚前脚掌着地,并在一条直线上。

(5)后点式

两小腿后屈,脚尖着地,双膝并拢。

(6)侧点式

两小腿向左斜出,双膝并拢,右脚跟靠拢左脚内侧,右脚掌着地,左脚尖着地,头和身躯向左倾。注意大腿小腿要呈 90°的直角,小腿要充分伸直,尽量展现小腿长度。

(7)侧挂式

在侧点式基础上,左小腿后屈,脚绷直,脚掌内侧着地,右脚提起,用脚面贴住左踝,膝和小腿并拢,上身右倾。

(8)重叠式

在标准式坐姿的基础上,腿向前,一条腿提起,腿窝落在另一条腿的膝关节上面。上面的腿向里收,贴住另一条腿,脚尖向下收起。

2.男性坐姿

(1)标准式

上身正直上挺,双肩正平,双手放在双腿或扶手上,双膝并拢,小腿垂直地落于地面,双脚自然分开呈 45°夹角。

(2)前伸式

在标准式的基础上,右脚前伸一脚的长度,左脚向前半脚,脚尖不要翘起。

(3)前交叉式

双小腿前伸,双脚踝部交叉。

(4)屈直式

左小腿回屈,前脚掌着地,右脚前伸,双膝并拢。

(5)斜身交叉式

双小腿交叉向左斜出,上体向右倾,右肘放在右侧扶手上,左手扶左侧扶手。

(6)重叠式

右腿叠放在左膝上部,右小腿内收、贴向左腿,脚尖自然地向下垂。

三、行姿

行姿是站姿的延续动作，是在站姿的基础上表现出的动态美，正确的行姿能够体现一个人积极向上、朝气蓬勃的精神状态。

(一)基本姿势

挺胸抬头，双目平视，双手掌心向内，松腰收腹。行走时视线不是落在脚上，而是以前方10～20米的位置为宜。双臂微屈，前后自然摆动，前摆约35°，后摆约15°，掌心向内。起步时身体微向前倾，重心落于前脚掌，腿要伸直，脚向正前方迈出，双脚落于一条直线上，脚步要轻松且富有弹性和节奏。

(二)步度与步韵

1.步度

走路时，步态的美观取决于步度和步位。行进时，双脚之间的距离称为步度，步度是指一只脚踢出落地后，脚跟离另一只脚脚尖的距离。步位是脚落地时应放置的位置。在通常情况下，男性的步度约为25厘米，女性的步度约为20厘米。步度与呼吸应配合形成规律的节奏，女士穿礼服、裙子或旗袍时不可跨大步，这样更显得轻盈优美。穿长裤时步度可稍大些，这样会显得生动，但最大步度也不可超过脚长的1.6倍。

2.步韵

走路时，膝盖和脚腕都要富有弹性，肩膀应自然、轻松地摆动，使身体处在一定的韵律中，才会显得自然优美。

(三)行进速度

男性行进速度通常为每分钟118～120步，女性行进速度通常为每分钟108～110步。女性可以根据鞋跟高度或着装等适当调整步数。步态美的一个重要方面是步速稳定。要想使步态保持优美，行进速度应保持平稳、均匀。

四、蹲姿

蹲是由站立的姿势转变为双腿弯曲和身体高度下降的姿势，蹲姿其实是人在比较特殊的情况下所采用的一种暂时性的体态。

(一)高低式蹲姿

男性在选用这一姿势时往往更为方便。下蹲时，左脚在前，右脚在后。左脚完全着地，小腿基本垂直于地面。右脚脚掌着地，脚跟提起。此时右膝低于左膝，右膝内侧可靠于左小腿的内侧，形成左膝高右膝低的姿态。臀部向下，基本用右腿支撑身体。

(二)交叉式蹲姿

交叉式蹲姿的特点是造型优美，通常适用于女性，尤其是穿短裙的女士。其特征是蹲下后双腿交叉在一起。右脚在前，左脚在后，右小腿垂直于地面，全脚着地，右腿在上，左腿在下，二者交叉重叠。左膝由后下方伸向右侧，左脚跟抬起，并且脚掌着地。双脚前后靠近，合力支撑身体。上身略向前倾，臀部向下。

(三)半蹲式蹲姿

半蹲式蹲姿多在行进过程中临时采用,基本特征是身体半立半蹲。在下蹲时,上身稍微弯曲,但不宜与下肢构成直角或锐角。臀部向下而不是撅起。双膝略为弯曲,其角度根据需要可大可小,但一般均应为钝角。身体的重心应放在一条腿上。

(四)半跪式蹲姿

半跪式蹲姿又叫单跪式蹲姿,是一种非正式蹲姿,多用于下蹲时间较长时或为了用力方便时,特征是双腿一蹲一跪。下蹲之后,改为一条腿单膝着地,臀部坐在脚跟之上,而以其脚尖着地。另外一条腿则全脚着地,小腿垂直于地面。双膝应同时向外,双腿应尽量靠拢。

五、手势

手势在人际交往中起着重要的作用。手是人体最富灵性的器官,如果说眼睛是心灵的窗户,那么手就是心灵的触角,是人的第二双眼睛。手势在传递信息、表达意图和情感方面发挥着重要作用。

手的"词汇"量是十分丰富的。例如:双手紧绞在一起,代表精神紧张;用手指或笔敲打桌面或在纸上涂鸦,代表不耐烦、无兴趣;搓手,表示有所期待、跃跃欲试,也可表示着急或寒冷;摊开双手,表示真诚和坦率;用手支着头,代表不耐烦、厌倦;等等。

美国社会学教授戴维·埃弗龙对人类的手势做了长期的调查研究,写下了《手势、种族和文化》一书。他认为,在某种程度上决定手势方式的是文化因素,而不是生理遗传因素。教育程度与民族的发展在很大程度上影响着手势的形成,手势可能随着教育的普及而减少。

(一)规范的手势

手势是人们常用的一种肢体语言,在正式场合也有着重要的作用,可以加重语气、增强感染力。手势的上界一般不应超过对方的视线,下界不低于自己的胸部,左右摆的范围不要太宽,应在自己的胸前或右方进行。手势的动作幅度不宜过大,次数不宜过多。

1. 手位

双手指尖朝下,掌心向内,在手臂伸直后分别紧贴于双腿裤线处。或双手伸直后自然相交于小腹处,掌心向内,叠放或相握在一起。或双手伸直后自然相交于背后,掌心向外,相握在一起。

2. 桌上

身体靠近桌子,尽量挺直上身,将双手放在桌上时,可以分开、叠放或相握。不要将胳膊支起来,或将一只手放在桌上,另一只手放在桌下。

3. 指引

(1)横摆式

①单臂。在表示"请"时,常用单臂横摆式。五指并拢,手掌自然伸直,手心向上,大小臂微屈,手部位置略低于肘部。出手时应先从腹部之前抬起,以肘关节为轴轻缓地向

一侧摆出。身体上部同时向出手一侧自然倾斜，另一只手臂则自然下垂或背后，目视宾客，面带微笑，以示对宾客的尊重和欢迎。

②双臂。当宾客较多时，表示"请"可以动作稍大一些，采用双臂横摆式。双臂从身体两侧向前上方抬起，双肘微屈，向两侧摆出，指向前进方向。一侧手臂应抬高一些，伸直一些；另一侧手臂则要略低一些，略屈一些，也可以双臂同时向一个方向摆出。

(2) 前摆式

如果右手拿着东西或扶着门，又要向宾客做右请的手势时，可用前摆式。左手五指并拢，手掌自然伸直，左臂自下向上抬起，以肘关节为轴，手臂微屈，至腰部的高度后，经身前向右方摆出，摆到距离身前15厘米并超过躯干处停止。目视宾客，面带微笑。

(3) 直臂式

需要为他人指示方向时，采用直臂式。手指并拢，手掌伸直，屈肘从身前抬起，然后向指示方向摆出，摆到与肩同高处停止，肘关节基本伸直。

(4) 屈臂式

手臂弯曲，由体侧向体前摆动，手臂高度在胸部以下，适用于请人进门时。

(5) 斜臂式

请宾客入座时，手臂应摆向座位方向。手臂要先从身体的一侧抬起，摆至高于腰部，再摆向斜下方的座位位置，摆出后肘关节伸直。

4. 招手

向近距离的人打招呼时，伸出右手，五指自然并拢，抬起小臂挥一挥即可。距离较远时，可适当加大手势的动作幅度。不可向上级和长辈招手。

(二) 注意区域性差异

不同国家、不同地区、不同民族，由于文化习俗不同，同一手势表达的含义也不尽相同。所以，只有了解手势表达的含义，才不至于误用而引起不必要的误会。表7-1列举了常用手势在不同国家表达的含义。

表 7-1　　　　　　　　　常用手势在不同国家表达的含义

手势	正面含义	反面含义
竖起大拇指	1.中国：好、了不起； 2.美国、英国：好、行、不错； 3.日本：男人、您的父亲	1.希腊：滚开； 2.澳大利亚：粗野
"OK"手势	1.美国：同意、顺利、很好； 2.日本：钱； 3.泰国：没问题	1.法国：零、毫无价值； 2.巴西：粗俗
V型手势	1.中国：胜利； 2.欧美国家：手心向外表胜利	欧美国家：手背向外是侮辱人
伸出手，掌心向下挥动	中国、日本：招呼人过来	美国：唤狗

情境二　职业表情

表情是指以眉、眼、鼻、嘴的动作组成的面部情态,是体态语言中最为丰富的部分,是一个人内心情绪的反映。它不仅是人际交往中相互交流的主要形式之一,在职业形象设计中也占有重要的位置。

1957年,美国心理学家爱斯曼做了一个实验,他在美国、巴西、智利、阿根廷和日本五个国家选择被试者,拿一些分别表现喜悦、厌恶、惊异、悲惨、愤怒和惧怕六种情绪的照片让他们辨认。结果,绝大多数被试者的"认同"趋于一致。实验证明,人的面部表情是内在的,有较一致的表达方式。因此,面部表情被人们视为一种"世界语"。现代心理学家总结出一个公式:

$$感情的表达 = 7\%言语 + 38\%语音 + 55\%表情$$

一、目光

从医学上来看,眼睛在人的五种感觉器官中是最敏锐的,大概占感觉领域的70%以上,因此,被称为"五官之王"。目光是最富有表现力的一种体态语言,人们相互间的信息交流,总是以目光交流为起点,目光交流发挥着信息传递的重要作用,故有"眉目传情"的说法。

(一)眼神交流的功能

1. 爱憎功能

亲昵的眼神交流可以打破僵局,使交谈双方的目光长时间相接。若在公共场合对他人死死地盯视,则可能吓到对方,引起不愉快的结果。

2. 威吓功能

用眼神长时间盯视对方还有一种威吓功能。警察对罪犯、父母对违反规矩的孩子,常常怒目而视,形成无声压力。

3. 补偿功能

两个人面对面交谈,一般的规矩是说者看着对方的次数要少于听者,这样便于说者将更多的注意力集中到要表达的思想内容上。一段时间后,如果说者的视线转向听者,这就暗示对方可以讲话。

(二)注视的时间

当一个人听他人讲话时会注视说者;当说者思索时会避开目光转向他处;当听者对讲话内容感兴趣时会长久注目说者;当一个人盯视对方长达10秒钟时,就会让人感到很不舒服。

(三)注视的区域

目光的表现力很丰富。它直接受情感因素的驱使,表达不同的含义。在社会交往中,要根据交往活动对象、目的及其关系的不同,正确地把握和体现不同情感内涵下的注视区域。

1.公务注视

公务注视是指在洽谈业务、贸易谈判或者磋商问题时所使用的一种注视方式。其注视区域是以双眼为底线、额头中部为顶点所形成的三角区。

2.社交注视

社交注视区域是以双眼为上线、唇部为顶点所形成的倒三角形区域。通常在一般的社交场合使用这种注视方式,能给人一种平等而轻松的感觉,有助于营造良好的社交气氛。像茶话会、舞会和各种友谊聚会的场合,都适合采用这种注视方式。

3.亲密注视

亲密注视一般在亲人、恋人及家庭成员等亲近人员之间使用,注视的位置在对方的双眼和胸部之间。

二、微笑

在经济学家眼里,微笑是一笔巨大的财富;

在心理学家眼里,微笑是能说服人的心理武器;

在服务行业,微笑是服务人员最正宗的脸谱……

人们对于微笑的表情非常敏感,普遍会产生积极的情绪。你向对方微笑,对方也会报以微笑,他会用微笑告诉你:你让他体验到幸福感,你的微笑使他觉得自己是一个受欢迎的人。换言之,你的微笑使他感受到自己的价值。微笑也能创造快乐,微笑虽然无声,但是它能表达高兴、欢悦、同意、尊敬。

微笑是有自信心的表现,微笑可以表现出温馨、亲切的表情,能有效地缩短双方的距离,给对方留下美好的心理感受,从而形成融洽的社交氛围。在社会交往中,始终保持善意的微笑,可以反映一个人修养良好和至诚待人。

(一)微笑的时机

要在与交往对象目光接触的瞬间展现微笑,表达友好。如果与对方目光接触的瞬间仍然延续之前的表情,即使接下来马上微笑也会让人感觉有些虚伪,是故作姿态。

(二)微笑的层次变化

在整个交谈过程中微笑的程度要有所变化,既要在整个过程中保持微笑,又要有收有放。微笑的程度有很多层次,有浅浅一笑、眼中含笑,也有热情的微笑、开朗的微笑,要根据沟通情况和个人特点自然、随机地发生变化。

(三)微笑的维持长度

在交谈过程中,目光停留在对方身上的时间应该占整个过程的1/3~2/3,这段时间里在与对方目光接触的时候应展现出灿烂笑容。其余的时间段内,应适当地将笑容稍微收拢,保持亲和的态度就可以了。

【情境演练】

仪态训练

一、站姿训练

（一）五点靠墙

背墙站立,脚跟、小腿、臀部、双肩和头部靠着墙壁,训练整个身体的控制能力。

（二）双腿夹纸

站立者在大腿之间夹上一张纸,保持纸不松、不掉,训练腿部的控制能力。

（三）头上顶书

站立者按要领站好后,在头上顶一本书,努力保持书的稳定性,训练头部的控制能力。

（四）效果检测

轻松地摆动身体后,瞬间以标准站姿站立,若姿势不够标准,则应加强练习,直至无误为止。

二、坐姿训练

按坐姿基本要领,着重对脚部、腿部、腹部、胸部、头部及手部进行训练,可以配舒缓、优美的音乐以减轻疲劳,每天训练20分钟左右。

三、行姿训练

（一）行走辅助训练

1.摆臂。人直立,保持基本站姿。在距离小腹两拳处确定一个点,双手呈半握拳状,由大臂带动小臂,从斜前方向此点摆动。

2.展膝。保持基本站姿,左脚跟起踵,脚尖不离地面,左脚跟落下时,右脚跟同时起踵,双脚交替进行,脚跟提起的腿屈膝,另一条腿膝部内侧用力绷直。做此动作时,双膝靠拢,内侧摩擦运动。

3.平衡。行走时,在头上放个小垫子或书本,用左右手轮流扶住,在能够掌握平衡之后,再放下手进行练习,注意保持物品不掉下来。通过训练,背脊、脖子保持竖直,上半身不随便摇晃。

（二）迈步分解动作练习

1.保持基本站姿,双手叉腰,左脚擦地,前点地,与右脚相距一只脚的长度,右腿直腿蹬地,髋关节迅速前移身体重心,成右后点地时换方向练习。

2.保持基本站姿,双臂在体侧自然下垂。左脚前点地时,右臂移至小腹前的指定点位置,左臂向后斜摆,右腿直腿蹬地,身体重心前移,成右后点地时,手臂位置不变换方向练习。

（三）行走连续动作训练

1.左腿屈膝,向上抬起,提腿向正前方迈出,脚跟先落地,经脚心、前脚掌至全脚落地,同时右脚跟向上慢慢踮起,身体重心移向左腿。

2.换右腿屈膝,与左腿膝盖内侧摩擦向上抬起,勾脚迈出,脚跟先着地,落在左脚前方,双脚间相隔一只脚长度的距离。

3.迈左腿时,右臂在前;迈右腿时,左臂在前。

4.将以上动作连贯起来,反复练习。

四、目光训练

(一)点上一支蜡烛,目光集中在蜡烛火苗上,并随其摆动,坚持训练可使目光集中、有神,眼球转动灵活。

(二)追逐鸽子飞翔可使目光有神。

五、微笑训练

(一)情绪记忆法

即将自己在生活中最高兴的事情中的情绪储存在记忆中,当需要微笑时,可以想一想兴奋的事情,脸上会流露出笑容。练习微笑时,要使双颊肌肉用力向上抬,嘴里发"引"音,用力抬高口角两端,注意下唇不要过分用力。

(二)对镜训练法

站在镜前,以轻松愉快的心情,调整呼吸使其自然顺畅,静心三秒钟,开始微笑,双唇轻闭,使嘴角微微翘起,面部肌肉舒展开来。同时注意眼神的配合,展现眉目舒展的微笑面容。

(三)含箸法

这是日式训练法。道具是选用一根洁净、光滑的筷子(不宜用一次性的简易木筷子,以防划破嘴唇),横放在嘴中,用牙轻轻咬住(含住),展现微笑状态。

【情境拓展】

从肢体动作测试个性

测试题:

1.你何时感觉心情最好?(　　)

A.早晨　　　　　　　B.下午及傍晚　　　　C.夜里

2.当你专心工作时,有人打断你,你会(　　)。

A.欢迎他　　　　　　B.感到非常恼怒　　　C.在 A 与 B 之间

3.你走路时是(　　)。

A.大步地快走　　　　B.小步地快走　　　　C.不快,仰着头

D.不快,低着头　　　E.很慢

4.和人说话时,你习惯(　　)。

A.手臂交叠地站着　　B.双手紧握着　　　　C.一只手或双手放在腰部

D.挨着与你说话的人　E.摸着下巴或用手整理头发

5.临入睡的前几分钟,你在床上的姿势是(　　)。

A.仰躺,伸直　　　　B.俯躺,伸直　　　　C.侧躺,微蜷

D.头睡在一只手臂上　E.被盖过头

6.你经常梦到你在(　　)。

A.落下　　　　　　B.打架或挣扎　　　C.找东西或人

D.飞或飘浮　　　　E.你平常不做梦　　 F.你的梦都是愉快的

7.坐着休息时,你的(　　)。

A.双膝并拢　　B.双腿交叉　　C.双腿伸直　　　D.一条腿蜷缩在身下

8.碰到你感到可笑的事时,你的反应是(　　)。

A.一个欣赏的大笑　　　　　　B.笑着,但不大声

C.轻声地咯咯地笑　　　　　　D.羞怯地微笑

9.下列颜色中,你最喜欢的是(　　)。

A.红色或橙色　　B.黑色　　　C.黄色或浅蓝色　　D.绿色

E.深蓝色或紫色　F.白色　　　G.褐色或灰色

10.当你去一个聚会或社交场合时,你(　　)。

A.会大声地入场以引起别人注意

B.安静地入场,找你认识的人

C.非常安静地入场,尽量保持不被注意

计分标准:

1.选 A 计 2 分;选 B 计 4 分;选 C 计 6 分。

2.选 A 计 6 分;选 B 计 2 分;选 C 计 4 分。

3.选 A 计 6 分;选 B 计 4 分;选 C 计 7 分;选 D 计 2 分;选 E 计 1 分。

4.选 A 计 4 分;选 B 计 2 分;选 C 计 5 分;选 D 计 7 分;选 E 计 6 分。

5.选 A 计 7 分;选 B 计 6 分;选 C 计 4 分;选 D 计 2 分;选 E 计 1 分。

6.选 A 计 4 分;选 B 计 2 分;选 C 计 3 分;选 D 计 5 分;选 E 计 6 分;选 F 计 1 分。

7.选 A 计 4 分;选 B 计 6 分;选 C 计 2 分;选 D 计 1 分。

8.选 A 计 6 分;选 B 计 4 分;选 C 计 3 分;选 D 计 5 分。

9.选 A 计 6 分;选 B 计 7 分;选 C 计 5 分;选 D 计 4 分;选 E 计 3 分;选 F 计 2 分;选 G 计 1 分。

10.选 A 计 6 分;选 B 计 4 分;选 C 计 2 分。

结果分析:

1.得分在 21 分以下:你是一个内向的悲观者。你是一个害羞的、神经质的且优柔寡断的人。需要人照顾、要别人为你做决定、不想与任何事或人有关。杞人忧天,看到不存在的问题。有些人认为你令人乏味,只有那些深知你的人才了解你不是这样的人。

2.得分为 20~30 分:你是一个缺乏信心的挑剔者。你是一个勤勉刻苦的、挑剔的、谨慎、缓慢且辛勤工作的人,经常会从各个角度仔细地检查一切之后仍决定不做。

3.得分为 31~40 分:你是一个以牙还牙的自我保护者。

你是一个明智的、谨慎的且注重实效的人,也是一个伶俐的、有天赋且谦虚的人。不

会很快和人成为朋友,但却是一个对朋友非常忠诚的人,同时要求朋友对你也以忠诚回报。

4.**得分为 41~50 分**:你是一个平衡的、中庸的人。别人认为你是一个有活力的、有魅力的、幽默的且讲究实际的人。经常是公众注意力的焦点,但是你是一个足够平衡的人,不至于因此而忘乎所以。你亲切、和蔼、体贴且能谅解人,是一个能使人高兴并乐于助人的人。

5.**得分为 51~60 分**:你是一个吸引人的冒险家。你是一个令人兴奋的、活泼的、易冲动的、愿意尝试机会及冒险的人。做决定很快,是一个天生的领袖。

6.**得分在 60 分以上**:你是一个傲慢的孤独者。你是一个有支配欲、统治欲且自负的,以自我为中心的人。人们不会相信你,会对与你更深入的交往有些犹豫。

职业礼仪修养

模块八

引 例

汉明帝刘庄做太子时,博士桓荣是他的老师,后被授为掌宗庙礼仪之官太常。刘庄做了皇帝后"犹尊桓荣以师礼",他曾亲自到太常府去,像当年讲学一样,让桓荣坐东面,设置几杖,聆听老师的教诲。还将朝中百官及桓荣教过的学生数百人召到太常府,向桓荣行弟子礼。

桓荣生病,明帝亲自登门探望,每次都是刚到街口便下车步行前往,以示尊敬。进屋后,常常拉着老师枯瘦的手,默默垂泪,良久乃去。

当朝皇帝对桓荣如此,"诸侯、将军、大夫问疾者,不敢复乘车到门,皆拜床下。"桓荣去世时,明帝还换了衣服,亲自临丧送葬,并妥善地安排了桓荣的亲属。

人无礼则不生,事无礼则不成,国家无礼则不宁。

——战国思想家荀子

礼仪,是在人际交往中以一定的、约定俗成的程序、方式来表现的律己敬人的手段和过程。涉及仪容、仪表、穿着、言谈、交往、沟通及情商等内容。大致分为国务礼仪、政务礼仪、商务礼仪、服务礼仪、社交礼仪、销售礼仪及涉外礼仪等几大分支。

礼仪是一门学问,又是一门艺术。在职业交往中,人们会通过你对礼仪运用的状况来判断你的情商、素养及见识。培根说过:"小节上的一丝不苟可赢得很高的称赞。"长期的礼仪行为的培养和积累能形成优雅的习惯,因此,注重礼仪要从小节做起,从当下做起。

情境一 会见礼仪

一、称谓

称谓礼仪是在沟通过程中称呼时所使用的一种规范性礼貌语,它能恰当地体现出当事人之间的隶属关系。人际交往,礼貌当先;与人交谈,称谓当先。正确地掌握和运用称谓,是人际交往中不可或缺的礼仪元素。

(一)正规的称谓

1.称谓行政职务

如:张局长、李主任。

2.称谓技术职称

如:王工程师、孙教授。

3.称谓职业

如:吴老师、赵医生。

4.称谓通行尊称

如:对陌生男性无论婚否统称"先生",对已婚女性称"夫人""太太"或"女士",对不知婚否的女性统称"女士"。

5.称谓对方姓名

(二)亲属的称谓

1.对自己的亲属

一般按约定俗成的称谓,对外人称谓自己的亲属要谦称。称自己长辈可加"家"字,如"家父""家母""家兄"。称比自己的辈分低的亲属可加"舍"字,如"舍弟""舍妹"。称自己的儿女可称"小儿""小女"。

2.对他人的亲属

要用敬称:一般在称谓前加"令"字,如"令尊""令爱""令郎"。对其长辈可加"尊"字,如"尊父""尊祖父"。

(三)符合年龄的称谓

1.称呼年长者

称呼年长者务必要恭敬,不应直呼其名,也不可以呼"老张""老王"等;尤其是年龄相差较大的隔代人之间,可以将"老"字与其姓相倒置,如"张老""王老",或"王老先生""张老先生";或姓+职务(或职称等),如"李主任""刘总""罗老师""陈师傅",等等。

2.称呼同辈人

称呼同辈人可称呼其姓名,有时甚至可以去姓称名,但要态度诚恳、表情自然,体现出真诚。

3.称呼年轻人

称呼年轻人可在其姓前加"小"字,如"小张""小李";或直呼其姓名,但要注意态度谦和、慈爱,表达出对年轻人的喜爱和关心。

二、寒暄

寒暄是指初始见面时相互问候、相互致意的应酬语或客套话,是人际交往中不可或缺的会话形式。

(一)寒暄的常见类型

1.问候型

这种寒暄在用语上较为随意、简短,所谈论的内容既可包括饮食起居、天气冷暖,也可包括普通的问候,并不表明问话者的真实意图,只是起营造气氛的作用。

(1)典型问候型

典型的说法是问好。常说的是"你们好""大家好"等,这是社交过程中用得最多的一种问候语。另外,近些年开始流行英文化的问候方式,如"嗨",等等。

(2)传统意会问候型

传统意会型问候,主要是指一些貌似提问实际上只是表示问候的招呼语。如"上哪去呀""吃过饭了吗""怎么这么忙啊",等等。这一类问语常并不表示提问,只是见面时交谈开始的媒介语,并不需要回答。

(3)古典问候型

具有古代汉语风格色彩的问候语主要有"幸会""久仰",等等。这一类问候语常为书面语,风格比较鲜明,多用于比较庄重的场合。

2.攀认型

在人际交往的过程中,如果双方能够在诸如出生地、职业活动、日常爱好、生活经历等方面寻找到共同点,彼此认同、达成共识的概率就会大大提高,能够很快地打破呆板、僵滞局面,使交往向着更加密切融洽的方向发展。这种寒暄就是要寻找共同点,如双方在交往伊始从语言、语音中寻觅共同的"乡音",从而为进一步的交往打下良好基础;又如双方从共同的职业中寻觅出许多共同感兴趣或者都能够发表见解的话题,也会起到很好的营造气氛的作用。如"我在北京读过书,北京可以说是我的第二故乡了"。

3.关照型

在寒暄时要积极地关注对方的各种需求,而且要不露痕迹地解决对方的疑问或疑难。

4.敬重型

这种寒暄的主要内容就是由于仰慕对方的人品、学识及社会地位而在用语上表现出谦恭性的客套。在日常生活中,诸如此类的寒暄语可划归为:"××先生,您的大作已经拜读了,真是受益匪浅。""××女士,久闻大名,今日相见不胜荣幸。"这种类型的寒暄更加礼貌、正规。

(二)寒暄的基本要求

1.掌握分寸

寒暄语的使用不宜过度,能三言两语的决不长话一串,能够精炼的决不拖沓,虽然可以随意,但切忌漫无边际,令人扫兴或产生不好印象,妨碍交往的深入进行。所谓对"质"的要求是指在寒暄过程中不能言不由衷,更不能一味吹捧夸大,特别是对仰慕敬重型寒暄的运用尤其要注意,以免产生物极必反的效果,使对方觉得受到讥讽或挖苦。

2.注重场合

任何语言的使用都要注意"语境"的要求,这里所说的语境主要是指语言使用的空间和时间。在庄重的场合,寒暄也应该与环境保持一致,要热情但不失庄重;在轻松的场合,寒暄应该本着轻松又不庸俗的原则。

3.考虑对象

交往对象不同,寒暄的选择也应有差别。在这一点上要具体考虑以下几种因素:

(1)年龄

如果交往双方在年龄上有明显差别,在寒暄的过程中,年轻者要表示敬重,而年长者则要表现出热情谦虚。

(2)亲疏

交往双方如果是非常熟悉的人,不妨在寒暄时更加随意轻松一些;若初次见面,就应该显得庄重一些。

(3)性别

男性与女性寒暄时虽然不一定要故作严肃,但是谈论轻松、幽默的话题要注意格调高雅,掌握分寸。

(4)文化背景

语言具有民族性,这不仅表现在语音、语调上,还体现在语言使用的习惯和表达的文化内涵上。不同民族、不同国家在寒暄这一语言环节上也有着明显的差异。如中国人在寒暄时喜欢以关切的语调询问对方的饮食起居、生活状况、工资收入及家庭情况等,但在西方国家这些内容却是彼此交谈的禁区。同样,在中国文化环境中不适合运用的寒暄用语则可能在其他一些文化环境中得到认可或普遍使用,如西方的女性在听到别人用"你看上去真迷人""你真是太美了"之类的语言寒暄时,往往会很兴奋,并且很有礼貌地作答,但在中国的年轻姑娘面前使用这样的寒暄用语则往往得不到好的反馈。

三、介绍

(一)介绍的方式

1. 一般式

一般式也称标准式,以介绍双方的姓名、单位及职务等内容为主,适用于正式场合。

2. 简单式

简单式仅介绍双方姓名一项,甚至只提到双方姓氏,适用于一般的社交场合。

3. 引见式

介绍者所要做的是将被介绍者双方引到一起即可,适用于普通场合。

4. 推荐式

介绍者经过精心准备再举荐某人,介绍时通常会对前者的优点加以重点介绍,适用于比较正式的场合。

5. 礼仪式

礼仪式是一种正规的介绍方式,在语气、表达及称谓上都更为规范和谦恭。

(二)自我介绍

1. 自我介绍的基本原则

(1)态度自然

要自然清晰地说出自己的姓名、工作单位,不卑不亢,用友善热忱的目光注视对方。

(2)不卑不亢

少用甚至不用"很""最""极"和"比较"等进行自我评价。既不要自我夸耀,也不必自我贬低。如果自己的身份、职务比较高,不是出于工作需要,一般不宜详细介绍。比如某大学教授,在自我介绍时可以说"我是××大学老师",这样会显得比较谦虚,别人听起来也容易接受。

(3)繁简适宜

自我介绍的内容主要包括姓名、籍贯、职务、工作单位或地址、文化程度、主要经历、爱好,等等。要根据场合、目的和要求不同适当繁简。联系工作、宴会及发言前的自我介绍要简单明了,而在应聘、交友等场合则不妨详细一些。如去某单位应聘,在自我介绍时不仅要讲清姓名、身份、目的和要求,还要介绍自己的学历、经历、专长、兴趣及能力等,从而取得对方的信任,为应聘创造条件。

(4)语言得体

自我介绍时语言一定要文雅、得体。

(5)说好"我"字

自我介绍时如果出现过多的"我"字,就会给人突出自我、标榜自我的印象,要尽量少用;同时要以平和的语气、平缓的语调说"我",目光要亲切、自然;尽可能地用"我们"来代替"我",以缩短双方的心理距离,缓解陌生感。

(6)自报姓名

在介绍自己的姓名时最好加以注释。名字报得巧妙,会使对方很容易记住并留下深刻的印象。

(7)克服羞怯心理

要克服羞怯、紧张的心理,自然地做出得体的自我介绍,以给对方留下良好的第一印象。

2.自我介绍的方式

(1)应酬式

应酬式适用于某些公共场合和一般性的社交场合,如途中邂逅、宴会现场、舞会及通电话时。

(2)工作式

工作式适用于工作场合,这种方式介绍本人姓名、供职的单位及部门、职务或从事的具体工作等。

(3)交流式

交流式适用于社交活动中,希望与交往对象进一步交流与沟通。大体介绍姓名、工作、学历、兴趣及与交往对象的某些相熟的关系。

(4)礼仪式

礼仪式适用于讲座、报告、演出、庆典及仪式等一些正规而隆重的场合。

(5)问答式

问答式适用于应试、应聘和公务交往。

3.自我介绍的顺序

(1)职位高者与职位低者相识,职位低者应该先做自我介绍。

(2)男性与女性相识,男性应该先做自我介绍。
(3)年长者与年少者相识,年少者应该先做自我介绍。
(4)资深者与资历浅者相识,资历浅者应该先做自我介绍。
(5)已婚者与未婚者相识,未婚者应该先做自我介绍。

(三)介绍他人

1.介绍的分寸

介绍前应向被介绍的双方打个招呼,这样可以使被介绍的双方有所准备,不至于感到突然。通常可以说"请允许我介绍你们认识一下"或"我介绍你们相互认识一下好吗"。介绍双方姓名时,可说得慢一些,以便让彼此都能记住。被介绍的双方经介绍后,应握手问候或点头致意。

2.介绍的顺序

总的原则:尊者优先了解对方的情况,即先把被介绍人介绍给身份和地位较高的一方,以表示对尊者的敬重。而在口头表达上则是先称呼尊者,然后做介绍。

如被介绍的人较多,可依照当时坐着或站着的次序一一做介绍,不要落下某个介绍对象。如果向大家介绍某人,被介绍人要起立,向大家点头致意,其他人一般应鼓掌表示欢迎。

3.介绍的内容

通常只包括姓名、身份。介绍姓名时,要准确清楚,有时可以做必要的解释或说明,如"弓长张""耳东陈""孔子的孔"等,使听的人容易记住。

(四)他人介绍

当他人为自己向别人做介绍时,应主动和对方握手、点头致意,或者说"认识您很高兴""请多多关照""希望多合作"之类的客套语。

(五)集体介绍

集体介绍实际上是介绍他人的一种特殊方式,即被介绍的一方或双方不止一人。

1.单向式

当被介绍的双方中一方为一人、另一方为由多人所组成的集体时,通常可以只将个人介绍给集体,而不必再向个人介绍集体。

2.双向式

双向式是指被介绍的双方皆为由多人所组成的集体。在具体进行介绍时,双方的全体人员均应被正式介绍。常规做法是应由主方负责人首先出面,依照主方在场者具体职务的高低,自高而低地依次对其进行介绍。接下来,再由客方负责人出面,依照客方在场者具体职务的高低,自高而低地依次对其进行介绍。

四、握手

(一)握手的规则

1.注意握手的先后顺序。如果对方是长者、贵宾、领导或是女性,应先等对方伸出手来再与之相握,切不可主动出手求握。当长者、贵宾伸出手时,应快步趋前,握住对方的手,身体微向前倾,微低头,面带笑容,同时根据场合边握手边说"您好""欢迎您"或"见到您很荣幸"等问候的话语。

2.握手时间宜控制在1~3秒。男性与女性握手的时间要稍短一些,用力要稍轻一些,以握住女性手指部分为宜。有些女性不习惯握手礼,男性可以点头致意来代替。握手时目光专注表示礼貌,要避免目光旁顾、心不在焉,也不要目光下垂,那样会显得拘谨。

3.握手前,男性应脱下手套、摘下帽子。女性的戒指如果戴在手套外边,握手时可不必脱下手套。否则,就应脱下手套与人握手。按照国际惯例,身穿军装的军人可以戴手套与人握手,且不必脱去军帽。标准的做法是先行军礼再握手。

4.握手时一定要用右手,如果右手受伤,则应当说明情况并表示歉意。

5.如果一方站着,一方坐着,握手时,坐着的一方应站起来,除非年事较高或身体不适。

6.在外交场合遇见外国贵宾,通常不要主动上前握手问候,只需有礼貌地点头致意,表示欢迎即可。若贵宾主动伸手,才可向前接握、问候。

7.与许多人同时握手时,要顺其自然,不要交叉握手。礼貌的顺序:先上级后下级,先长辈后晚辈,先主人后客人,先女性后男性。

8.如果在家中有客人来访时,要主动伸手行握手礼;如果去他人家做客,应等主人伸出手后自己再伸手相握。

(二)握手的体态语

1.谦恭式握手

谦恭式握手又称乞讨式握手、顺从型握手,即用掌心向上或向左上的手势与对方握手。用这种方式握手的人往往性格懦弱,处于被动地位,也可能比较民主、谦和或平易近人,对对方比较尊重、敬仰,甚至有几分畏惧。这种人往往易改变自己的看法,不固执,愿意受对方支配。

2.支配式握手

支配式握手又称控制式握手,用掌心向下或向左下的手势握住对方的手。以这种方式握手的人想表达自己的优势、主动、傲慢或支配地位。这种人说话干净利索、办事果断、高度自信,凡事一经决定,就很难改变观点。在交际双方社会地位差距较大时,社会地位较高的一方常采用这种方式。

3.无力型握手

无力型握手又称死鱼式握手,握手时伸出一只无力度的手,给人的感觉像是握住一条死鱼。这种人的特点如不是生性懦弱,就是对人冷漠无情,待人接物消极傲慢。

4."手套式"握手

握手时用双手握住对方的右手,既可表示对对方尊重、亲切,也可表示感激、有求于人之意。但这种握手方式最好不要用在只见几次面的人身上,易引起误会。

5.抓指尖式握手

握手时不是两手的虎口相触对握,而是有意或无意地只捏住对方的几根手指或指尖部。女性与男性握手时,为了表示自己的矜持与稳重,常采取这种方式。如果是同性之间这样握手,就显得有几分冷淡与疏远。

6.施舍型握手

施舍型握手即在行握手礼的时候只伸出四根手指与他人相握,表明此人缺乏修养、傲慢、不平易近人(欧洲中世纪时期的贵妇与绅士的握手除外)。

五、递接

双手为宜,不方便双手并用时应使用右手。

递送文件或图书杂志:应使文字正向朝着对方,不可倒置。

递送茶杯:应用左手托杯底,将茶杯把指向客人的右手边,双手递上。

递送饮料、酒水:应将商标朝向客人,左手托瓶底,右手握在距瓶口 1/3 处。

递送笔、刀剪之类的尖利物品:应将尖头朝向自己,不要指向对方。

递送水果刀:应用双手托住刀身,刀刃朝向自己或向下,手握刀背,刀把朝向对方。

六、名片

名片是一个展现自己的小舞台,是人与人沟通交流和联系的桥梁。名片是第二张身份证,关系到职业形象、办事效率和事业成功的机会。

(一)递交名片

1.基本要领

(1)起身站立,距对方 1 米左右。

(2)身体微微前倾,面带微笑,眼睛注视对方。

(3)用双手的食指和大拇指分别夹住名片左右两端,名片上名字正向朝着对方递上。

(4)在递送名片的同时,应说"这是我的名片,请多多指教",如果名字中有不常用的字,最好能读一遍,以便对方称呼。

(5)当递给对方名片的同时,对方也正递送名片,应当先暂时放下自己的名片,接过对方的名片后,再递上自己的。

(6)交换名片时如果名片用完,可用干净的纸代替,在上面写下个人资料。

(7)若对方是外宾,应将名片印有外文的一面朝向对方。

2.递交顺序

递送名片的顺序需要遵循"卑者先,尊者后"的原则。

如分不清职务高低和年龄大小时,则可先和自己对面左侧方的人交换名片;在圆桌旁与多人交换名片时,按照顺时针方向递送;如果在场人很多,递送名片时要遵循"同性优先"的原则,即先递送给同性,然后再递送给异性。

(二)接受名片

1.起身,面带微笑,注视对方。

2.双手捧接或以右手接过。

3.接过名片时应说"谢谢"。

4.当对方说"请多多指教"时,应立即回应说:"不敢当,谢谢支持!"

5.接过名片后,要有一个微笑阅读名片的过程,阅读时可将对方的姓名、职衔念出声来,并抬头看着对方的脸,使其产生一种受重视的满足感。

6.不会读的地方还应及时请教,若一眼都不看就收起来,会让对方感到你缺少诚意。

7.看完后郑重地将其放入名片包、名片夹或上衣口袋内,并表示谢意。

(三)交换名片

1.当对方递送名片时,如果自己没有名片或恰好没带名片或名片已用完,应向对方表示歉意,并说明原因。

2.倘若一次同初见的许多人交换名片,最好依照座次来交换并核对对方的姓名,以防搞错。

3.如要索取他人名片,可以委婉地说:"以后怎样同您联系?"向尊长索取名片,可以这样说:"今后如何向您请教?"

4.当他人索取本人名片,而自己无意送人名片时,可委婉地说"对不起,我忘了带名片"或者"抱歉,我的名片用完了"。

(四)存放名片

1.在参加商务活动时,要随身准备名片。名片要经过精心的设计,能够艺术地表现自己的身份、品位和组织形象。

2.随身所带的名片,最好放在专用的名片包、名片夹里。公文包以及办公桌抽屉里也应经常备有名片,以便随时使用。

3.接过他人的名片看过之后,应将其精心存放在自己的名片包、名片夹或上衣口袋内。

情境二 方位礼仪

一、行走

引领者应当边走边与宾客寒暄交谈,当遇拐弯处或路上有障碍时,要及时加以提醒,以表示对对方的关注。

(一)多人同行

走在最前方的是长辈或职位较高者,其右后方次之,资历较浅者应行于左后方。

(二)单行行走

通常以前排为上。领导、长辈、宾客及女性在前。唯有当对方初来乍到或不认路时,方可在其前方引导。

(三)并排行走

并排行走时,应视具体人数而有所不同。当两人并排行走时,通常以内侧为上,即靠道路内侧及靠墙的位置较为尊贵。而当三人或三人以上并排行走时,则通常以中间为上。

(四)开门

行进到需要开门进入的场所时,男性或职位较低者应先快步向前开门,并等同行的女性或职位较高者通过门口之后再进入。

二、出入房门

(一)注意门的类型

无论进出哪一类的门,引领者在接待引领时,一定要"口""手"并用且到位。即运用手势要规范,同时要说诸如"您请""请走这边""请各位小心"等提示语。

1.朝里开的门

如果门是朝里开的,引领者应先入内,侧身再请宾客进入。

2.朝外开的门

如果门是朝外开的,引领者应打开门,请宾客先进。

3.旋转式大门

如果陪同宾客走的是旋转式大门,应自己先迅速过去,在另一边等候。

(二)注意面部朝向

进门时,如果已有人在里面,则应始终面朝对方,不能反身关门而背向对方;出门时,如果房间有人,则应在走向房门、关门的整个过程中,尽可能始终以面部朝向房间里的人,而不要背面相对。

(三)注意顺序

一般情况下,应请长者、女性及宾客先进入房门,若有特殊情况,如室内无灯昏暗,陪同者宜先入;若先走出房门,应主动替对方开门或关门。

若出入房间时正巧他人与自己方向相反,则应侧身礼让。具体规则:房内之人先出,房外之人后入;如对方是长者、女士及宾客,应让他们先行。

三、上下楼梯

(一)在上下楼梯时,均应靠右侧单行行走,如果楼梯较宽,并排行走最多不要超过两人。

(二)为人带路上下楼梯时,应走在前面。

(三)引领宾客上下楼梯时,出于安全考虑,上楼梯时应走在宾客的后面;下楼梯时应走在宾客的前面,引领者与宾客距离一二级台阶为宜。

(四)上下楼梯时,注意不要停下来交谈,更不要站在楼梯上或楼梯转角处进行长谈,以免妨碍他人通过。

(五)上下楼梯时,既要注意对方安全,又要注意与身前、身后之人保持距离,以防碰撞。

(六)上下楼梯时,应注意行走姿势和速度。不管有多么紧急的事情,都不应推挤他人,也不宜快速奔跑。

四、自动扶梯

(一)搭乘自动扶梯时,应保持良好姿势,并握住扶手。靠边站立,让出一侧给需要快速通过的人,在国内是靠右边站立,在英国等国则是靠左边站立。

(二)如果几人同时搭乘自动扶梯,不要并排站立将扶梯占满,应该遵循靠右边站立的原则。若携带大件物品,可以放在自己的前面。

五、升降电梯

（一）出入有人值守的升降电梯时，应请客人先进先出；出入无人值守的升降电梯时，引领者应先进入电梯，充当电梯员，到达时请客人先走出电梯门。

（二）走进电梯后，应该给他人让地方。先上的人站在电梯门的两侧，其他人站在两侧及后壁，最后上的人站在中间。应该让残障人士站在离电梯门最近的地方，当他们上下电梯时，应为其扶住门。

六、座次

座次安排一是必须遵守有关惯例，二是必须讲究客随主便。

（一）相对式

宾主双方对面而坐。这种方式显得主次分明，易于宾主双方公事公办，保持距离。

1.宾主双方一方面对正门，另一方则背对正门就座。此时讲究"面门为上"，即面对正门之位为上座，应请客人就座。

2.宾主双方于室内两侧对面就座。此时讲究"以右为上"，即进门后的右侧位置为上座。当宾主双方不止一人时，情况也是如此。

（二）并列式

宾主双方并排就座。暗示双方"平起平坐"，地位相仿，关系密切。

1.双方一同面门而坐。此时讲究"以右为上"，主人应请客人就座于自己的右侧。当宾主双方不止一人时，双方的其他人员可各自分别在主人或主宾的一侧按身份的高低依次就座。

2.双方一同在室内的右侧或左侧就座。此时讲究"以远为上"，即离门较远的位置为上座，应请客人就座。

（三）居中式

居中式是并列式的一种特例，是指多人并排就座时，讲究"居中为上"，即以居于中央的位置为上座，应请客人就座。

（四）主席式

1.会见

主席式适用于主人一方同时会见两方或两方以上客人的正式场合。一般由主人面对正门就座，其他各方宾客则在其对面就座。这种安排犹如主人在主持会议，故称为主席式。有时，主人也可坐在长桌或椭圆桌的尽头，而请其他各方宾客在两侧就座。

2.会议

首先是前高后低，其次是中央高于两侧，最后是左高右低（中国惯例）和右高左低（国际惯例）。

中国惯例主席台座次说明：当主要人物的人数为奇数时，1号人物居中，2号人物排在1号人物左边，3号人物排在1号人物右边，其他依次排列。如有7位主要人物，从台下（面对面）的角度看，是7、5、3、1、2、4、6的顺序；从台上（面向同一方向）的角度看，是6、4、2、1、3、5、7的顺序。

(五)自由式

会见时有关各方不分主次,不讲位次,而是自由择座,此法适用于多方会面的场合。

七、乘车

(一)上下轿车

上车时,先上一只脚,将身体重心移进去坐稳后,再提另一只脚,绝对不要先进头部;下车时,先伸出一只脚,然后将身体重心移出后,再抽出另一只脚,同时带出头部,起身缓步离去。整个身体一直保持朝前的方向,可以避免身体面向车门钻进钻出时臀部面向他人。

女士穿裙装时,在上车时不要一只脚先踏入车内,也不要爬进车里。需先站在座位边上,把身体降低,坐到位子上,再将双腿一起收进车里,双膝一定要保持合并的姿势;下车时,可以先侧身将双脚放在地面,再将整个身体拉出来。在接待工作中,要主动为客人开、关车门,并注意要让宾客先上先下。

(二)座位顺序

1. 双排五座轿车

(1)主人驾车时座位顺序:副驾驶座、后排右座、后排左座、后排中座。

(2)专职司机驾车时座位顺序:后排右座、后排左座、后排中座、副驾驶座。

2. 三排七座轿车

(1)主人驾车时座位顺序:副驾驶座、后排右座、后排左座、后排中座、中排右座、中排左座。

(2)专职司机驾车时座位顺序:后排右座、后排左座、后排中座、中排右座、中排左座、副驾驶座。

3. 越野车

越野车大都为四座车。不论由谁驾驶,座位顺序:副驾驶座、后排右座、后排左座。

4. 多排座轿车

多排座轿车,是指四排和四排以上的多座位的大中型轿车。不论由何人驾驶,均以前排为上,以后排为下,以右为尊,以左为卑,并以距离前门的远近来排定具体座位顺序。

(三)注意事项

1. 乘坐主人驾驶的车辆时,最重要的是不能让前排空着。一定要有一个人坐在那里,以示相伴。

2. 乘坐由专人驾驶的车辆时,副驾驶座一般也叫随员座。从安全角度考虑,一般不应让女性、孩子及尊长坐于副驾驶座。

3. 必须尊重宾客对轿车座次的选择,宾客坐在哪里,则哪里即是上座。

八、合影

合影留念时,一般由主人居中,主人右侧为第一主宾的位置,左侧为第二主宾的位置,双方其他人员相间排列,两端的位置不要留给客方人员,由主方人员把边。既要考虑人员的身份,又要考虑场地的大小能否摄入镜头。人数多时还应准备阶梯架。

情境三　电话礼仪

一位科学家曾经说过：一个不会正确地利用电话的人，很难说他是一个符合现代社会需要的人。至少，他算不上是一个具有现代意识的人。

一、接电话

（一）一般情况下，应在电话铃响的三声内接起电话，并自报家门："您好，××单位。"在进行交谈时，要特别注意语气平和、声调适中。

（二）如果对方找的不是自己，应让其稍候，而后快速地找到接话人。对方要找的人不在或不便接电话时，应向其致歉，请他稍后再拨或留下号码，示意会转告当事人；也可在征得对方同意后代为转达信息，并做好准确记录；如对方不便留言，切勿刨根问底。

（三）如果发现对方拨错了电话，切勿责备，而应向对方解释，并请其重新确认电话号码。

（四）认真清楚地记录，牢记"5W1H"：When——何时、Who——何人、Where——何地、What——何事、Why——为什么、How——如何进行。

二、打电话

（一）给对方打电话前，要稍加思考。如果是其他人接电话不便交谈，那么要做出相应解释，切忌什么话都不说就挂断电话。

（二）如果因线路或其他原因导致通话中断，那么应由发话人迅速重播一遍，不可让对方久等，此外还需向其进行解释和道歉。受话人亦应守候在电话旁，不宜转做他事或抱怨对方。

（三）当遇到很急或令人气愤的事情时，一定要注意控制情绪。不要因急躁或气愤而进行错误的表达或说出影响自身形象的话语。如对方说话啰唆，也要尽量保持耐心，不要轻易打断对方讲话或停止通话。

（四）结束电话交谈一般应当由打电话的一方提出，然后彼此客气地道别，说一声"再见"后再挂断电话。

（五）如果发现自己拨错了电话，应当诚恳地向对方道歉，切记不可一声不吭就挂断电话。

情境四　餐饮礼仪

一、中餐礼仪

饮食作为关乎国计民生的要事，能够反映出国家经济发展状态、文化水准及文明程度。中国饮食文化博大精深、源远流长，是中国文化的重要组成部分，一直在无形中发挥着提升国家文化软实力的作用，对全球的饮食文化做出了重大贡献。孙中山先生在《建国方略》中曾提到："惟饮食一道之进步，至今尚为文明各国所不及。"

中国饮食文化蕴藏着中国人民认识事物、了解事物的深刻哲理,是一种生活方式的集中表达,具有深刻的社会意义,经典地诠释了中国传统文化:菜肴的典故蕴藏着历史文化,进食的礼仪习俗蕴藏着礼仪文化,选材的多样性蕴藏着和谐文化,摆盘的巧思造型蕴藏着美学文化,医食同源的理念蕴藏着养生文化。

早在西周时期,中国饮食礼仪已形成相当完善的制度,《周礼》中就记载了职官分掌各种饮食诸礼。汉代《礼记·礼运》云:"夫礼之初,始诸饮食。"饮食礼仪随着历史的发展在社会实践中不断得到完善,成为文明时代行为规范的一部分。

(一)中国的菜系

"民以食为天"。在数千年的历史积淀中,中国人民依据各地、各民族不同的生态环境、物候特产及生活习惯,创造并传承着富有民族或地域特色的饮食文化,经过长期演变形成了一整套自成体系的烹饪技艺和风味,并为社会所公认的菜肴流派,被称作菜系。到唐宋时期,形成南食和北食两大风味派别;清代初期,鲁菜、苏菜、粤菜和川菜已经成为最有影响的地方菜,后称"四大菜系";清末时期,在四大菜系的基础上,又加入浙、闽、湘、徽地方菜,成为"八大菜系",以后再增京、沪地方菜,便有"十大菜系"之说。尽管菜系不断地衍生和发展,但人们还是习惯以"八大菜系"来代表多达数万种的各地风味菜。

2021年5月,第五批国家级非物质文化遗产代表性项目名录中共有18个饮食类项目列入,13个项目进行了扩展。其中,包括了中餐烹饪技艺与食俗等综合性项目,徽菜烹饪技艺、潮州菜烹饪技艺、川菜烹饪技艺和土生葡人美食烹饪技艺等地方菜系项目。

1. 鲁菜

鲁菜发端于春秋战国时的齐国和鲁国,定型于秦汉,是中国覆盖面最广的地方风味菜系,深深地影响着其他菜系的走向,明清两代为宫廷御膳的主体。

(1)特点

鲁菜是中国传统八大菜系中唯一的自发型菜系,历史最悠久,技法最丰富,难度最大,最见功力。以清香、鲜嫩和味醇见长,常用的烹调技法有30种以上。

(2)代表菜

鲁菜的代表菜有九转大肠、糖醋黄河鲤鱼、葱烧海参、汤爆双脆、四喜丸子、德州扒鸡、红烧大虾、一品豆腐、乌鱼蛋汤、海米珍珠笋,等等。

2. 川菜

川菜是中华料理集大成者。古典川菜起源于春秋战国时的蜀国,定型于北宋;近代川菜在清代后期定型。

(1)特点

川菜味型之多居八大菜系之首,一菜一格,百菜百味,有麻、辣、甜、咸、酸、苦等六种基本味型,在此基础上又大致调配变化为26种复合味型。

(2)代表菜

川菜的代表菜有鱼香肉丝、麻婆豆腐、夫妻肺片、毛血旺、酸菜鱼、宫保鸡丁、过桥排骨、水煮鱼、冷吃兔、干煸豆角,等等。

3. 粤菜

粤菜源自中原,起源于汉初,定型于晚清,在国外是中国的代表菜系。粤菜博取百家之长,不断吸收外地特别是北方烹饪技艺和西餐烹饪技艺,善于在模仿中创新。

(1)特点

粤菜用料广博,选料珍奇,配料精巧。口味上时令性强,夏秋求清淡,冬春重浓郁,有香、松、软、肥、浓"五滋",酸、甜、苦、辣、咸、鲜"六味"之说。

(2)代表菜

粤菜的代表菜有白切鸡、烤乳猪、糖醋咕噜肉、上汤焗龙虾、八宝冬瓜盅、清蒸河蟹、酿豆腐、脆皮乳鸽、挂炉烧鹅、老火靓汤,等等。

4.苏菜

苏菜起源于南北朝时期,明清时期苏菜南北沿运河、东西沿长江的发展更为迅速。沿海的地理优势扩大了苏菜在海内外的影响。

(1)特点

苏菜风格雅丽,形质均美。用料广泛,以江河湖海水鲜为主。刀工精细,并精于造型,瓜果雕刻栩栩如生。烹调方法多样,追求本味,清鲜平和。

(2)代表菜

苏菜的代表菜有叫花鸡、松鼠鳜鱼、鸡汁煮干丝、盐水鸭、蟹粉狮子头、羊方藏鱼、水晶肴蹄、凤尾虾、梁溪脆鳝、文思豆腐,等等。

5.浙菜

浙菜起源于新石器时代的河姆渡文化,定型于汉唐时期。南宋建都杭州后,将北方的京都烹饪文化带到了浙江,使南北烹饪技艺广泛交流,名菜名馔应运而生。

(1)特点

浙菜菜品形态讲究,精巧细腻,体现了烹饪技艺与美学的有机结合。常用的烹调方法有30余种,遵循"四时之序"的原则,选料苛求"细、特、鲜、嫩",用料讲究部位。

(2)代表菜

浙菜的代表菜有西湖醋鱼、东坡肉、赛蟹羹、干炸响铃、荷叶粉蒸肉、西湖莼菜汤、龙井虾仁、干菜焖肉、油焖春笋、冰糖甲鱼,等等。

6.闽菜

闽菜起源于魏晋南北朝时期,是闽越文化、中原文化和海丝文化融合的结晶。福建是著名的侨乡,海外的饮食习俗逐渐渗透到闽人的饮食生活之中,从而使闽菜成为富有开放特色的菜系。

(1)特点

闽菜选料精细,刀工严谨,喜用佐料。有三大特色:一是善于用红糟调味;二是善于用糖醋调味;三是善于制汤。汤是闽菜的精髓,素有"一汤十变"之说。

(2)代表菜

闽菜的代表菜有佛跳墙、淡糟香螺片、鸡茸鱼唇、醉排骨、荔枝肉、龙身凤尾虾、扳指干贝、尤溪卜鸭、走油田鸡、鸡丝燕窝,等等。

7.湘菜

湘菜在秦汉两代逐步形成了一个从用料、烹调方法到风味、风格都比较完整的体系。

(1)特点

湘菜形味兼美,刀工精妙,基本刀法有16种之多。用料广泛,长于调味,讲究原料的入味,注重主味的突出和内涵的精当。

(2)代表菜

湘菜的代表菜有剁椒鱼头、毛氏红烧肉、腊味合蒸、东安仔鸡、邵阳猪血丸子、发丝牛百叶、永州血鸭、组庵鱼翅、湘西外婆菜,等等。

8.徽菜

徽菜发祥于南宋时期,祭祀后的宴席盛行被认为是徽菜的起源。徽菜的发展与徽商的活动有着非常密切的联系,随着徽商在各地经商,徽菜也传遍全国。

(1)特点

徽菜重油、重色、重火功。善于发挥原料本身的滋味,如常用冰糖提鲜及料酒除腥提香。徽菜继承了祖国医食同源的传统,讲究食补。

(2)代表菜

徽菜的代表菜有臭鳜鱼、清炖马蹄鳖、徽州一品锅、黄山炖鸽、李鸿章杂烩、鱼咬羊、无为板鸭、符离集烧鸡、问政山笋,等等。

(二)桌次排列

中餐宴会一般采用圆桌,视参加人数设置一桌或多桌。

1.两桌排列

(1)横排:面向正门方向以右为尊。

(2)竖排:以距离正门远的位置为尊。

2.多桌排列

除注意遵守两桌排列的规则外,还应考虑与主桌的距离。面向正门同等距离,以右为尊;同一方向,以近为尊。

(三)席位安排

1.主人位置

主人位置一般面朝正门,可纵观全局,也可安排在餐厅的重点装饰的前面,让客人一进餐厅即看见主人;副主人安排在主人对面,一般背向正门、面朝主人,便于执行主人安排的具体事宜。

2.主宾位置

主宾安排在主人的右侧,主宾夫人既可安排在主宾旁边,也可安排在主人夫人的右侧;副主宾安排在副主人的右侧。主宾和副主宾的右侧可安排翻译入席,其他位置可安排陪同。另外,还需要把身份地位相近的客人安排在一起,方便交流。

(四)上菜程序

在清代文学家袁枚的烹饪著作《随园食单》里,对上菜程序做过如下论述:"上菜之法,咸者宜先,淡者宜后,浓者宜先,薄者宜后,无汤者宜先,有汤者宜后。"

不同类型的宴会上菜程序会有一些差异,但从总体上说基本是固定的:第一道冷盘

(当冷盘吃剩1/3时,开始上第一道热菜),第二道热菜(菜数较多),第三道主菜(名菜),第四道汤菜,第五道甜菜(随上点心),最后上水果。

宴会如设多桌,应同时上菜。如果由服务人员分菜,要按照先主宾后主人、先女士后男士的原则,或按顺时针方向依次进行;如果由个人取菜,每道热菜应先放在主宾面前,由主宾开始按顺时针方向依次取食。

(五)就餐方式

1.分餐式

所有主食、菜肴及酒水等餐品一律由服务人员按人数分成小份,供每个人分别食用。这种方式既能保证卫生,又能体现公平,在正式宴会场合尤为适用。

2.布菜式

布菜式是分餐式的改良版,由服务人员手托大盘依次将餐品分配到每个人的餐盘中,剩余部分放到餐桌上供客人自取。这种方式既能保证卫生,又能照顾饭量或口味不同者的需要,是宴会上经常采用的一种用餐方式。

3.公筷式

公筷式是分餐式的自助式,所有餐品盘均放在餐桌上,每道菜品配有公用餐具,由用餐者自取后置于自己的餐盘中。这种方式既符合中国传统的用餐习惯,又兼顾了卫生,也适用于一般宴会。

4.共餐式

共餐式是典型的中国传统用餐方式,适用于家庭或关系亲密者使用。用餐者可根据自己的口味,用自己的餐具直接从盛菜的盘中取食。

5.自助式

自助式是借鉴西方的用餐方式,将所有餐品摆放于一个特定区域,由用餐者自由选取,适用于人数较多的普通宴请。

(六)餐具的摆放与使用

1.餐具的摆放

中餐的餐具主要有水杯、餐盘、碗、筷子、汤匙等。在正式宴会上,水杯放在餐盘的左上方,酒杯放在餐盘的右上方,筷子与汤匙放在专用的座架上,并备好牙签。宴请外宾时,还应备好刀叉,供不用筷子者使用。

2.餐具的使用

(1)筷子

筷子是中餐的主要餐具,用以夹取食物。筷子应成对使用,一般以右手持筷,用右手拇指、食指和中指同时捏住筷子上部的1/3处。

(2)汤匙

汤匙主要用来喝汤,有时也可以用来盛装滑溜的食物。使用时拇指按在汤匙柄端的上面,食指和中指在下支撑。

(3)碗

碗主要用于盛放主食、羹汤等。在正式的宴会上使用碗时应注意：

①食用碗内的食物时，应以筷子或汤匙加以辅助。

②不可端碗进食。

③碗内剩余的食品不可倒入嘴里，不可用舌头舔食。

④碗内不可放置杂物。

(4)餐盘

每位用餐者面前的餐盘用来存放从公盘中分取的食物，有多种型号，型号较小的多称为碟子。餐盘一般保持原位不动，且不宜将多个餐盘叠放在一起。使用时应注意：

①不可存放过多食物。

②不可使菜品相互串味。

③不宜入口的残渣、骨刺等应置于餐盘前端，由服务人员撤换。

(5)水杯

水杯主要用于盛白水、饮料、果汁和茶水等。

(6)湿毛巾

在正式宴会开始前，通常会为每位用餐者上一条湿毛巾用来擦手。宴会结束时，再上一条湿毛巾用来擦嘴。

(7)餐巾

餐巾是为了保洁服装的，应当完全打开平铺在并拢的双腿上。中途离开时，可将餐巾折一下放到餐桌上；用餐结束时，将餐巾放到餐盘的右侧。

(8)水盂

有时水上会漂有鲜花瓣或柠檬片，进食海鲜等带有腥味食物后，双手轮流沾湿指尖，再轻轻浸入水中涮洗。不宜动作过大，洗毕将手置于餐桌之下，用餐巾或小毛巾擦干。

(9)牙签

不要在吃饭时当众剔牙，实在需要时应用手或餐巾遮挡一下；若食物残渣不易剔出应停止剔牙，到洗手间解决。除果盘里的小块水果外，不宜以牙签扎取食物。

(七)用餐要求

1.上菜后，应待主人发出邀请，主宾动筷时再动筷。取菜适量，并相互礼让，依次进行。

2.为表示友好、热情，可以劝对方品尝，但不宜擅自做主为其夹菜、添饭，以免让人为难。

3.不挑食，取菜时要看准后马上取走，不可夹起又放下，或取来后又放回去。

(八)斟酒

敬酒之前需先斟酒，除主人和服务人员外，来宾一般不宜自行给别人斟酒。如果主人亲自斟酒，宜用本次宴会上最好的酒，来宾应端起酒杯致谢，必要时候还应起身站立。大型的商务用餐，通常都应由服务人员斟酒，从身份地位高者开始按顺时针方向顺次进行。不需再饮时，可用手挡在酒杯上说声"不用了，谢谢"，斟酒者此时不应一再要求斟酒。

(九)敬酒

敬酒时,无论是敬的一方还是受的一方,都要注意因地制宜、入乡随俗。

1.敬酒的时机

敬酒分为正式敬酒和普通敬酒。正式敬酒一般在用餐前主宾入席后开始,通常都是由主人先向集体敬酒,同时说一些恰当的祝酒词,祝酒词的内容不宜超过5分钟。普通敬酒在正式敬酒之后进行,应注意选择对方方便的时候,比如对方当时没有向他人敬酒或接受他人敬酒、口中没有食物,或认为对方可能愿意接受敬酒时。如果多人向同一对象敬酒,应等到身份地位比自己高的人向其敬酒之后进行。

2.敬酒的顺序

敬酒通常应以年龄大小、职位高低及宾主身份为序。如果分不清职位高低,或在职位高低不明确的场合,则应该按照统一的顺序敬酒,如先从自己身边开始按顺时针方向顺次敬酒,或是从左到右、从右到左顺次敬酒。需干杯时,应按礼宾顺序由主人与主宾先干杯。

3.敬酒的态度

敬酒时态度要热情、大方,举杯的同时起立并目视对方,且整个敬酒过程中都不要将目光移开。敬酒要适可而止,尤其在国际交际场合。

4.敬酒的举止

(1)正式敬酒

无论是主人还是来宾,如果是在自己的座位上向集体敬酒,都要先起立并面带微笑。当主人向集体敬酒、致祝酒词时,所有人都要停止进食。主人提议干杯时,所有人都应起立,互相碰杯。按国际通行的做法,敬酒情况下的酒不一定要饮尽,但即使平时滴酒不沾的人,也要拿起酒杯象征性地饮一口,以示对主人的尊重。来宾向集体敬酒时祝酒词可以说得简短些。

(2)普通敬酒

当他人向自己敬酒的时候,要手举酒杯到双眼高度,在对方说完祝酒词或"干杯"之后再饮,饮完拿酒杯与对方对视一下,这一过程才算结束。

在回敬的时候,宜右手执杯,以左手托住杯底与对方同时干杯,亦可先干为敬。干杯之前要象征性地与对方轻碰一下酒杯,并使自己的酒杯略低于对方酒杯以示敬重。如果与对方相距较远,可用杯底碰一下桌面,以示碰杯。

二、西餐礼仪

西餐,英文名为Western Cuisine,这个词是由特定的地理位置所决定的,"西"是西方的意思,习惯上指欧洲国家和地区,以及以这些国家和地区为主要移民的北美洲、南美洲和大洋洲的广大区域,西餐主要指以上区域的餐饮文化。

(一)西餐文化的六个"M"

如何品味西餐文化,研究西餐的学者们经过长期的探讨和总结认为应讲究以下六个"M"。

1.Menu(菜谱)

一份优秀的西餐菜谱,既能反映餐厅的经营宗旨和特色,衬托餐厅的气氛,又是餐厅重要的营销工具,能为餐厅带来丰厚的利润。

2.Music(音乐)

豪华高级的西餐厅通常会有乐队现场演奏柔和的乐曲,普通的西餐厅也会播放一些典雅的乐曲。这里讲究的是乐声的"可闻度",音量宜达到"似听到又听不到的程度",即在集中注意力与他人交谈时听不到,在休息放松时听得到。

3.Mood(气氛)

西餐厅最大的魅力就是情调和韵味,每样装饰都有其代表的属性,整个环境优雅、精致,气氛和谐。

4.Meeting(会见)

餐桌是人际关系的润滑剂和调节器,和谁一起吃西餐要有选择,宜亲朋、志趣相投的人。

5.Manner(礼仪)

遵循西方习俗,正确使用餐具,讲究"女士优先"的原则,通常情况下会安排男女相邻而坐。

6.Meal(膳食)

在膳食方面,中餐以"味"为核心,西餐的考量标准以营养价值为核心。

(二)西餐菜系的主要分类

1.意式菜

源远流长的意式菜,对欧美国家的饮食文化产生了深厚影响,并发展出包括法式菜、美式菜在内的多种派系,故有"西餐之母"之称。

(1)特点

意式菜多以海鲜作主料,火候一般是六七成熟,重视牙齿的感受,菜品讲究略硬而有弹性,形成醇浓、香鲜、断生、原汁、微辣、硬韧的12字特色。意大利人喜爱面食,各种形状、色彩、味道的面条至少有几十种。

(2)代表菜

意式菜的代表菜有佛罗伦萨牛排、罗马魔鬼鸡、那不勒斯烤龙虾、巴里甲鱼、奥斯勃克牛肘肉、米列斯特通心粉、比萨饼,等等。

2.法式菜

法式菜是西方文化的一颗明珠,在细腻、合理性和艺术性方面都在其他类型的西餐之上。

(1)特点

法式菜选料广泛,多使用新鲜的季节性材料,讲究色、香、味、形的配合。法式菜几乎包括了西餐所有的近20种烹调方法,酱汁是精华。调味喜用酒,菜和酒的搭配有严格规定,如清汤用葡萄酒,火鸡用香槟,海味用白兰地,等等。

(2)代表菜

法式菜的代表菜有焗蜗牛、马赛鱼羹、鹅肝酱、巴黎龙虾、沙朗牛排、牡蛎杯、油封鸭、蘑菇蛋卷,等等。

3.英式菜

英式菜有家庭美肴之称,简洁与礼仪并重。

(1)特点

英式菜烹饪方法根植于家常菜肴,注重原料家生、家养和家制。烹调讲究鲜嫩、口味清淡,调味品大都放在餐台上由客人自己选用。菜量要求少而精。

(2)代表菜

英式菜的代表菜有皇家奶油鸡、烤大虾苏夫力、约克郡布丁、威尔士兔子、烤羊马鞍、明治牛排、黑椒章鱼须、茄汁菜卷,等等。

4.美式菜

美式菜主要是在英式菜的基础上发展而来的,美国的饮食文化体现科学、适量和快捷,以满足人体的热量、能量为标准,并注重节约。

(1)特点

美式菜注重食物的原汁原味,没有过多的调味料加入其中。美国人的口味比较清淡,喜欢吃生、冷食品,常用水果作为配料与菜肴一起烹制。

(2)代表菜

美式菜的代表菜有菠萝焗火腿、橘子烧野鸭、醋椒火鸡、沙拉酱鱿鱼卷、特大啃、煎红酒丁骨牛排、波士顿龙虾,等等。

5.俄式菜

俄罗斯地跨欧亚大陆,但绝大部分居民居住在欧洲部分,因而其饮食文化呈现出欧洲大陆饮食文化的基本特征,并不断吸收外国饮食文化的精华,特别是法式菜的长处。

(1)特点

俄罗斯气候寒冷,故俄罗斯人喜食热量高的菜肴。俄式菜一般口味较重,用油比较多,注重对食材原汁原味的保护,使营养最大化。口味以酸、甜、辣及咸为主,酸黄瓜、酸白菜是餐厅和家庭餐桌上的必备食品。

(2)代表菜

俄式菜的代表菜有红菜汤、鱼子酱、软煎大马哈鱼、烤奶汁鳜鱼、罐焖羊肉、黄油鸡卷、酸黄瓜鱿鱼沙拉、土豆焗蘑菇,等等。

6.德式菜

德式菜朴实无华,注重营养、实惠,自助餐就是德国发明的用餐形式。

(1)特点

德式菜重口味,多食油腻之物和生菜。肉制品丰富,仅香肠一类就有一千多种。德国盛产啤酒,啤酒的消费量也居世界之首,一些菜肴常用啤酒调味。

(2)代表菜

德式菜的代表菜有德国猪脚、黑啤烩牛肉、酸菜焖法兰克福肠、鞑靼牛扒、醋渍鲱鱼卷、煎饼配香草芦笋、海员杂烩、柯尼斯堡肉丸子,等等。

(三)席位排列

1.女士优先

在西餐礼仪里,往往体现女士优先的原则。排定用餐席位时,一般女主人为第一主人,在主位就位;男主人为第二主人,在第二主人的位置上就位。

2.距离定位

西餐桌上席位的尊卑,是根据其距离主位的远近确定的,以距主位近的位置为尊。

3.以右为尊

排定席位的基本原则是以右为尊,依次排列。男主宾排在女主人的右侧,女主宾排在男主人的右侧。

4.面门为上

以面向餐厅正门的位置为尊。

5.交叉排列

西方人视宴会为拓展人际关系的场合,男士和女士、熟人和陌生人宜交叉排列席位,以达到社交目的。

(四)就座方式

中餐多使用圆桌,西餐则以长桌为主。长桌的位置排法主要有以下两种方式:

1.法式就座方式

主人位置在中间,男女主人对坐,女主人右边是男主宾,左边是男次宾;男主人右边是女主宾,左边是女次宾;陪宾则尽量往旁边坐。

2.英美式就座方式

桌子两端为男女主人,若夫妇一起受邀,则男士坐在女主人的右手边,女士坐在男主人的右手边。男女主人的左手边是次宾的位置,陪宾尽量坐在中间位置。

一般情况下,宴会由女主人主持。在隆重的场合,如果餐桌安排在一个单独的房间里,在女主人未邀请入席前不宜擅自进入设有餐桌的房间。若宾主是朋友,则可以自由入座。在其他场合,客人宜按女主人的指点入座,并在女主人和其他女士坐下之后落座。

(五)上菜顺序

1.头盘(前菜)

头盘也称开胃品,有冷头盘和热头盘之分,一般由蔬菜、水果、海鲜和肉食等组成。常见的品种有鱼子酱、鹅肝酱、熏鲑鱼、鸡尾酒、沙拉、什锦冷盘、面包、黄油(在开餐前五分钟左右送上),等等。

2.汤

汤大致可分为清汤与浓汤两大类,其中又有热汤和冷汤之分。品种有牛尾清汤、各式奶油汤、海鲜汤、美式蛤蜊汤、意式蔬菜汤、俄式红菜汤、法式葱头汤,等等。

3.副菜(中盘)

通常鱼虾海鲜等水产类菜肴与蛋类、酥盒菜肴均称为副菜。西餐吃鱼类菜肴使用专用的调味汁,有鞑靼汁、荷兰汁、白奶油汁、水手鱼汁,等等。

4. 主菜

主菜多为肉禽类菜肴或高级海鲜，其中有代表性的是牛肉或牛排。肉类菜肴配用的调味汁主要有西班牙汁、浓烧汁精、蘑菇汁、白尼丝汁等。禽类菜肴的原料取自鸡、鸭、鹅，主要的调味汁有咖喱汁、奶油汁，等等。

5. 蔬菜类菜肴

蔬菜类菜肴通常为配菜，可以安排在主菜之后或与主菜同时上桌，在西餐中称为沙拉。与主菜同时搭配的沙拉，称为生蔬菜沙拉，一般用生菜、番茄、黄瓜及芦笋等制作；还有一类是用鱼、肉、蛋类制作的沙拉，一般不加调味汁。

6. 甜品

西餐的甜品可以算作第六道菜。从真正意义上讲，甜品包括蔬菜类菜肴上完之后所上的所有食物，如点心、冰淇淋、奶酪及水果，等等。

7. 热饮

热饮是西餐用餐的最后一道"工序"，一般为红茶、咖啡或餐后酒。

(六)摆台

西餐餐桌上一般都盖有台布，餐具通常在客人入座前就摆放在每个就餐位了。

1. 底盘的摆放

底盘不直接盛放食物，其功能为装饰品和托盘的结合，一般预先摆放在就餐位的中央位置。侍者上菜时会把盛菜的盘子放在底盘上，有时侍者会在上第一道菜时把底盘拿走，也有餐厅不在餐桌上摆放底盘。

2. 常用餐具的摆放

(1)餐叉：三把，置于底盘的左侧，叉齿向上。

(2)餐刀：三把，置于底盘的右侧，刀刃朝向底盘。

(3)汤匙：一把，置于餐刀的右侧，匙心向上。

(4)点心叉及甜品匙：各一把，置于底盘的上方，也可以在供应点心时再摆放。

(5)面包碟及黄油刀：这一组放在餐盘的前方或左边。黄油刀跨放在面包碟上，刀刃向内。

(6)杯子：酒杯的数量与酒的品类相等，底盘右前方依次是啤酒杯(水杯)、红葡萄酒杯、白葡萄酒杯、香槟酒杯。

(7)咖啡和茶用具：多数情况下，喝咖啡和茶所用的餐具最后才摆上。先摆好糖盅、奶罐，咖啡杯或茶杯应随着杯碟同时放在用餐者的正面或右侧，咖啡匙也要放在杯碟上。

3. 餐巾的摆放

餐巾可以放在底盘上或餐叉的左侧，还可以叠放在啤酒杯(水杯)里。

(七)餐具的使用

基本原则是右手持刀或汤匙，左手持叉。如果每种餐具有两把以上，要依序由外向内使用，即第一道菜用最外侧的餐具，然后按顺序向内使用，直到每件都用过为止。无论桌上有没有排列餐具，如果菜品上桌时同时附有餐具，应使用附有的餐具。

1.刀、叉

由外至内依次用来吃开胃菜、鱼和肉。使用时轻握刀、叉的尾端,食指按在柄上,刀刃宜朝向内侧自己的方向。切东西时左手拿叉按住食物,右手拿刀把食物切成小块,吃一块,切一块,然后用叉子送食。体积或面积较大的蔬菜,可以用刀和叉折叠、分切;较软的食物可以放在叉上,用刀整理一下。

2.汤匙

用大拇指按住汤匙把,其他手指轻轻托住另一边。舀汤时应从汤盘里面往外舀,汤盘中汤不多时,将汤盘向外轻微抬起倾斜后用汤匙舀尽。

3.餐巾

餐巾应平铺在并拢的大腿上。正方形餐巾折成等腰三角形,直角朝膝盖方向;长方形餐巾对折,折口向外。餐巾的打开、折放都应在桌下悄然进行。

餐巾除了对服装有保洁的作用外,主要用来擦嘴或擦手。印有商标的是正面,擦拭嘴时,宜用反折的内侧来擦,这样擦不会露出污渍。在吐食物残渣时,可用餐巾遮住嘴,用手指取出或吐在叉子上再放入餐盘中,也可以直接吐在餐巾内,再将餐巾向内侧卷起。手指洗过之后也是用餐巾擦。

(八)酒的饮用

1.酒的种类

(1)餐前酒

餐前酒又称开胃酒,酒体较轻,酒液清澈透明,且含糖量较低,可以最大限度地刺激人的食欲,在开始正式用餐前饮用,或在吃开胃菜时搭配饮用。常见的有味美思、干白葡萄酒、法国香槟、意大利比特酒、茴香酒、干型雪莉酒,等等。

(2)佐餐酒

佐餐酒又称餐酒,在正式用餐时饮用。冷盘或海鲜配烈性酒,汤配淡味雪莉酒,鱼配白葡萄酒,烤牛排以及其他肉类配红葡萄酒,野味配红葡萄酒、白葡萄酒,甜品配白葡萄酒、香槟酒或甜味白酒,水果配啤酒、白葡萄酒,任何菜都可以配香槟酒。由于葡萄酒的口感丰富,可以搭配的食物种类相当广泛,故佐餐酒大多为红葡萄酒、白葡萄酒。

(3)餐后酒

餐后酒酒精度一般比较高,通常为35°~50°。饮用餐后酒可以促进消化,如果在餐前空腹饮用酒精度高的酒容易醉。餐后酒的酒液色彩比较深浓,如黑朗姆酒、雪莉酒、苏格兰威士忌及有"洋酒之王"之称的白兰地,等等。

2.酒的饮用顺序

味道越浓的酒越放在后面饮用,通常是白葡萄酒先于红葡萄酒,酒龄浅的酒先于酒龄长的酒,未加糖的酒先于加糖的酒,度数低的酒先于度数高的酒。若等级差别太大,等级低的酒先于等级高的酒。总之,要避免排在后面的酒被前一款酒的味道所干扰。

3.侍酒

侍酒师将酒瓶放置在口布上,左手握住瓶身下方,右手握住瓶颈,将卷标朝上,保证客人能清楚地阅读酒标,经客人确认过产地、酒庄、年份和温度等以后开瓶。一般情况下,斟酒只需倒至酒杯的1/4～1/3即可,以免摇杯时溢出。

4. 醒酒

葡萄酒在装瓶后就进入了沉睡状态,醒酒即唤醒葡萄酒。醒酒的主旨是使酒液充分地呼吸,通过氧化作用来柔化影响葡萄酒品质重要的因素之一单宁,并释放香气与风味,使口感变得更加复杂、醇厚和柔顺。此外,醒酒还可以将酒液与其所形成的沉淀物分离开来。

(1) 瓶醒

只需要把酒塞打开静置,让瓶口很小面积的部分与空气进行接触。此法柔化单宁及释放香气的效果比较缓慢。此法不能去除陈年老酒的沉淀物,适用于酒龄浅或有异味的葡萄酒。

(2) 醒酒器醒酒

将葡萄酒从瓶中转移到醒酒器中,让酒液与空气充分接触,单宁柔化和香气散发的速度比瓶醒方式快很多。此法是最理想、最常用、最实用的醒酒方式。

(3) 杯醒

将酒液倒入杯中,酒液与空气的接触面较大,醒酒速度非常快,可以提升葡萄酒的整体香气。但此法很难品尝到醒酒过程中的各种变化,也不能去除酒中的沉淀。

5. 酒杯的持法

(1) 葡萄酒杯

葡萄酒杯是"高脚杯",具有细长的杯梗、浑圆的杯肚和稳定的杯座。持杯的关键在于手握杯梗或杯座,把杯子稳定住。葡萄酒对温度很敏感,手尽量不要触碰杯肚,以免手的温度传导给酒液使其升温,影响香气和口感。

(2) 白兰地酒杯

白兰地酒杯杯口较窄、杯肚较大、杯梗较短。白兰地通常适合加温饮用,持杯时用中指和无名指卡住杯梗,手掌从下往上包住杯身,将手的温度传导给酒液,从而让香气和风味散发得更彻底。

(3) 威士忌酒杯

常见的威士忌酒杯有古典杯、格兰凯恩杯、郁金香杯和ISO杯。古典杯、格兰凯恩杯都没有杯梗,不论是手持还是放置在桌子上都很稳定,没有特定的持杯要求,随意就好。郁金香杯、ISO杯都属于高脚杯,握持方法跟葡萄酒杯一样,只是不要求手避免触碰杯肚。

(4) 香槟酒杯

香槟酒杯以郁金香型或长笛型为主,杯梗长,杯肚瘦长,杯口细窄。杯肚瘦长是为了保留香槟的气泡,方便观察把玩,杯口细窄是为了聚拢香气,便于闻香、品尝。持杯时用拇指和食指握住杯梗,其余三根指头则用握拳方式向手心收拢,或握住底座即可。香槟适宜饮用的温度在8～10℃,一般会冰镇,所以手尽量不触碰杯肚,以免手的温度传导给酒液使其升温,影响香气和口感。

6.葡萄酒的品鉴

（1）闻香

香气是葡萄酒的灵魂，依据葡萄品种、酿造工艺和陈年方式的差异分成三类香气。一类香气即品种香，由葡萄本身的芳香物质与香气浓郁度共同决定；二类香气即酿制过程中产生的香气，不同的酿酒工艺会对香气产生不同的影响；三类香气是葡萄酒在瓶中陈年的过程中形成的，此时，葡萄酒的一、二类香气会与微量的氧气接触，逐渐融合并发展出一些复杂的香气。

①静止闻香

在葡萄酒处于静止状态时闻葡萄酒的香气，闻香时，慢慢地吸进酒杯中的空气。有两种方法：一种是将酒杯放在桌面上，弯腰并将鼻孔置于杯口部闻香；另一种是将酒杯慢慢端起，稍微倾斜，将鼻孔接近酒液闻香。

②摇杯闻香

在静止闻香后，摇动酒杯，使酒液呈圆周运动，提高与空气的接触面，促进香气释放。包括两个阶段：第一阶段，在酒液液面静止的"圆盘"被破坏后立即闻香；第二阶段，摇动结束后闻香，此时酒杯内壁的上部充满了挥发性物质，香气非常浓郁。

③破坏式闻香

主要是鉴别香气中的缺陷，闻香前先用力摇动酒杯，让酒液剧烈转动，使酒液中令人不愉快的气味充分地释放出来后进行闻香。

（2）观色

葡萄酒的外观包括澄清度、色彩深度、色调及其他观察。

①澄清度

澄清度是葡萄酒外观质量的重要指标。通常情况下，优质的葡萄酒必须澄清、光亮，如果酒液过于浑浊，则是缺陷的表现，比如由微生物活动所导致的。白葡萄酒的澄清度和透明度密切相关，即澄清度高的酒液透明度也高。红葡萄酒如果色彩很深，即使酒液澄清也不一定透明。

②色彩深度

色彩深度的判断方法：可以通过倾斜酒杯、观察酒液最深处和边缘的色彩来评估；也可以将双眼垂直向下，观察杯梗与杯肚衔接的地方是否能够清晰地看到光圈。所有的白葡萄酒酒液边缘都近似无色，如果边缘色带较宽即为浅色，边缘的色彩接近中心的色彩即为深色。将红葡萄酒倒入较大的酒杯中，靠近酒液边缘的色彩浅时杯肚底部的光圈会非常清晰，色彩深时杯肚底部的光圈会几乎看不见。

③色调

葡萄酒是一种均匀的液体，表面和底部的物质组成相同。将酒杯倾斜，通过不同的角度和位置观察酒液色调的变化。白葡萄酒的色调相对较浅，酒液边缘几乎无色，需要在酒杯中倒入足够的酒液来观察中心的色调。大多数红葡萄酒的色调相对较暗，中心不透明，在酒液边缘附近观察红葡萄酒的色调比较准确。

白葡萄酒的色调随着年份增加变深，从浅龄时带有微泛绿的黄色或淡黄色，慢慢地转变成稻草色、金黄色、金色、琥珀色,乃至棕色。红葡萄酒的色调随着年份增加变暗,从浅龄时的紫色色调,逐步演变成暗红、宝石红、棕红、红褐色、橙色、砖红色,乃至染有红色线晕的琥珀色。

④其他观察

A.气泡

葡萄酒分为静态葡萄酒和起泡葡萄酒两种类型。当一款静态葡萄酒中出现气泡时,有可能酒液被污染了;还可能是储存温度过高,导致酒液内的杂菌排出了大量的二氧化碳,说明此款酒已经变坏了。

B.挂杯

倾斜或摇动酒杯,让酒液在杯壁上顺时针均匀地旋转,静止后会形成一条条液柱沿着杯壁缓缓地向下流动,并留下一道道酒痕,即挂杯现象,常被称为"酒泪"或"酒腿"。酒精度高的葡萄酒挂杯时间更长,液柱更粗更密。温度较高时会加速酒精的蒸发,因而更易形成酒泪。

(3)尝味

饮入酒液,布满整个口腔,用舌头进行充分的搅动来品味酒液的香气。然后轻嘬一小口酒液,含在嘴里,通过唇部两侧和缓地吸入空气,让部分酒液蒸发为酒气并进入鼻腔后部,酒液在口腔中保持大约 12 秒后咽下或吐出。最后,用舌头触及牙齿和口腔内部,静静感受余味的魅力。

(九)餐具的语言

1.刀叉的暗语

任何使用过的刀叉都只能放在餐盘中,不能直接摆在桌面上。将餐盘想象成钟表表盘的样子,将刀叉想象成钟表的指针。

(1)暂时休息

将刀叉呈"3 点 40 分"的时钟角度摆放,叉子摆在刀上面,叉齿向上、刀刃向内。

(2)用餐完毕

将刀叉呈"6 点 30 分"的时钟位置摆放,叉齿向下、刀刃向内。另外,不同国家还有差异。在美国,刀叉要斜放,摆成"4 点 22 分"的时钟位置。欧洲大部分国家,刀叉要摆成"3 点 15 分"的时钟位置。

2.餐巾的暗语

(1)等待上菜

把餐巾平铺在大腿上。

(2)离开座位稍后回来

把餐巾折叠,放在椅面或者扶手上。

(3)结束用餐

把餐巾折一下放到桌上底盘的右侧。

三、品茶礼仪

(一)奉茶礼仪

1. 奉茶者

(1)以茶待客时,由何人为来宾奉茶,往往视对来宾重视的程度而定。

(2)在家中待客时,通常由晚辈为来宾上茶。接待重要的来宾时,则应由女主人甚至主人亲自为其上茶。

(3)在工作单位待客时,一般由秘书、接待人员、专职人员为来宾上茶。接待重要的来宾时,则应由在场的职位最高者亲自为其上茶。

2. 奉茶的顺序

(1)来宾较多,且身份差别较大时

①先为客人上茶,后为主人上茶。

②先为主宾上茶,后为次宾上茶。

③先为女性上茶,后为男性上茶。

④先为长辈上茶,后为晚辈上茶。

(2)来宾很多,且身份差别不大时

①以上茶者为起点,由近而远依次上茶。

②以客厅门最近处为起点,按顺时针方向依次上茶。

③以客人到访的先后顺序上茶。

④不按顺序倒茶,或由饮用者自己取用。

3. 奉茶的方法

(1)为来宾斟第一杯茶时,应当斟到杯深的 2/3 处,斟满茶有厌客或逐客之嫌。

(2)事先将茶沏好,倒入茶杯,然后放在茶盘内端入客厅。

(3)标准的上茶步骤:双手将茶盘放在临近客人的茶几上或备用桌上,然后右手拿着茶杯的杯托,左手托在杯托底,从来宾的左后侧将茶杯递上去。茶杯放置到位之后,杯耳应朝向外侧。若使用无杯托的茶杯上茶时,亦应双手捧上茶杯。

(4)从来宾左后侧上茶,意在不妨碍主宾之间的交谈。条件不允许时,要从其右侧上茶,尽量不要从其正前方上茶。

(5)为了提醒客人,可在为其上茶的同时,轻声说"请您用茶"。若对方向自己道谢,应答以"不客气"。如果打扰了来宾,应对其道一声"对不起"。

4. 续水的时机

(1)要为来宾勤斟茶、勤续水。一般来讲,来宾喝过几口茶后即应为其续上,绝不可以让其杯中茶水见底。为来宾续水让茶一定要主随客便,切勿频繁地以斟茶续水搪塞来宾。旧时,中国人待客有"上茶不过三杯"一说:第一杯叫作敬客茶,第二杯叫作续水茶,第三杯则叫作送客茶。如果一再劝人用茶,而无话可讲,那么往往意味着提醒来宾"应该打道回府了"。

(2)在为来宾续水斟茶时,以不妨碍对方为佳。续水时可在茶壶或水瓶的口部附上一条洁净的毛巾,防止倒茶时茶水沾到茶杯外壁上。

(二)受茶礼仪

1. 态度谦恭

(1)主人上茶之前,向自己询问"想饮什么"的时候,如果没有特别的禁忌,可以在主人提供的几种选择之中任选一种,或告诉主人"随便一种就可以"。如果自己不习惯饮茶,应及时向主人说明。

(2)若主人特别是女主人或者长辈为自己上茶,应当起身站立,双手捧接,并道以"谢谢"。当其为自己续水时,应以礼相还。其他人员为自己上茶、续水时,也应及时以适当的方式答谢。至少应向其面含微笑,点头致意,或者欠身施礼。

(3)杯中剩余的凉茶、剩茶,不要随手泼洒在地上。

(4)在社交活动中,正在与交往对象交谈时,最好不要饮茶。若自己不是主要的交谈对象,或与他人的交谈告一段落之后,则可以适当饮茶。

2. 认真品味

(1)用"吮吸"式喝茶法,也叫嘬茶法。茶汤吸入口中后,翘起舌尖,将舌头在茶汤中上下搅动几圈。嘴唇微张,吸入空气,让茶汤在口中翻滚,使各个层次的香气和滋味都得以发挥,与味蕾充分接触,能全面地感受到茶的滋味。

(2)在端起茶杯时,应以右手持杯耳。端无杯耳的茶杯,则应以右手握茶杯的中部,左手端起杯底。饮茶的时候,忌连茶汤带茶叶一并吞入口中,更不能下手自茶汤中取茶叶,甚至放入口中食用。

(3)饮用盖碗茶时,坐姿一定要保持端正,头和嘴不宜向前伸,不宜低头。宜左手持茶托,右手持茶碗盖拨动茶汤,欣赏茶汤的颜色、茶叶舒展后的姿态,并使茶汤浓度均匀。然后将盖子斜盖在茶碗上,留出可以滤掉茶渣的一道缝隙,按住盖子,端碗饮用。饮用时尽量不发出声音。

(4)饮用红茶或奶茶时,不要用茶匙舀茶,也不要将其放在茶杯中。

(5)若主人告之所饮的是名茶,则饮用前应仔细观赏一下茶汤,并在饮用后加以赞赏。

【情境演练】

接待、拜访礼仪训练

一、电话礼仪

小 A 通过网络搜索到北京一家五星级酒店的电话,想先打电话预订房间并了解用餐的具体情况和收费标准。她请好朋友小 B 替她打预订电话。

1. 角色:旅游者小 A,好朋友小 B,服务员小 C。

2. 知识点:电话用语、介绍、交谈、态度。

二、接待、拜访礼仪

一名业务员来某公司推销产品,公司秘书接待他并引荐给公司总经理。直到谈话结束,秘书送客。

1.角色:总经理、秘书、业务员共3人。

2.知识点:握手、介绍、仪态、交谈、名片、引导手势,等等。

【情境拓展】

你懂得职场礼仪吗

测试题:

当你来到游乐园里的哈哈镜馆,看到满屋子各种形状的哈哈镜时,你会先照哪个?(　　)

A.圆形的哈哈镜

B.长方形的哈哈镜

C.椭圆形的哈哈镜

D.梯形的哈哈镜

结果分析:

1.选A:你是个凡事要求尽善尽美的人。对你来说,周围的人都是你的领导,你会在他们面前把你最好的一面展现出来;同时你也很自信,认为礼仪是自我展现的一种途径,乐于在赞美声中微笑。

2.选B:你是个中规中矩的人。你不想通过讨好某些人而得到什么,认为这是自己应该做的。在办公室里你是楷模,不管对于亲密的同事还是上级领导,你都会很有礼貌地表现自己。

3.选C:你是个很有上进心的人。在与人的交往中,你很注重礼仪,做好随时吸收新知识的准备。你希望自己在职场中可以不断成长,很擅长从单位的活动中获取想要的机会。

4.选D:你认为礼仪是必要的,但要看场合而运用。对于熟悉的同事可以省略基本的礼貌用语,但对于某些情况,例如办公室里的个人隐私,你很清楚界限在哪,从不会越界,所以办公室里的人都会很熟悉并且喜欢你偶尔的"没礼貌"。

职业生涯规划

模块九

引 例

爱因斯坦进入苏黎世联邦工业大学后,立即为自己拟订了一份人生规划:我用四年的时间学习数学和物理,我希望自己成为自然学科中某些学科的教授,我将选择理论性学科。我制订计划的理由:

1. 我喜欢抽象思维和数学思维,缺乏想象和应付实际的能力。

2. 这是我的愿望,它激励我做出类似的决定,以考查我的毅力。很自然,人总是喜欢做他有能力做的事。另外,科学工作很有独立性,这甚合我意。

爱因斯坦在大学中不断地修订自己的"蓝图规划",使每一项都更契合达到目标的需要。比如,他不得不放弃数学而专攻物理,这是他经过自我审视和严密分析做出的果断选择。

他迷恋自然现象,善于手脑结合,喜欢音乐和阅读理论类的书。他爱好哲学,将冥思苦想和偏爱理论的素质成功地结合为一体。他生性孤僻,独立的个性使他获得了内心的充分自由。他具有强烈的好奇心和想象力。他想象一个人跟着光线跑并抓住它,大胆的想象使他发现了狭隘相对论。

征服世界的将是这样一些人:开始的时候,他们试图找到梦想中的乐园,最终,当他们无法找到时,就亲自创造了它。

——爱尔兰剧作家乔治·萧伯纳

职业是一个人安身立命之本、施展抱负之基、成就自我之途。一个人在步入职场的第一天,就开始书写并度量着他的职业生涯。进入职场之前的时光,是在为选择职业做着准备和积累。当一个人退离职场开始安度晚年时,他会发现几十年的职业生涯早已在他身上打下了不可磨灭的印记,伴随一生。

人的一生中,大部分时间是与职业有关的,或者处于职业选择阶段,或者处于就业阶段,或者已经结束了就业阶段,但仍然在继续从事社会上一定的职业劳动。

情境一　职业生涯规划概述

职业生涯规划是指针对个人职业选择的主观和客观因素进行分析和测定，确定个人的奋斗目标并努力实现这一目标的过程。

职业生涯规划萌芽于1908年的美国，有"职业指导之父"之称的弗兰克·帕森斯针对大量年轻人失业的情况，成立了世界上第一个职业咨询机构——波士顿地方就业局，职业指导自此开始系统化。1953年，世界职业规划与生涯教育领域权威人物、美国学者舒伯提出"生涯"的概念，他的学术思想和理论被世界各地普遍采用，在美国、日本和中国得到了系统的传承。职业生涯规划研究经过长时间发展已经成为一门比较成熟的学科。

中国的职业生涯规划和管理研究起步较晚，直到20世纪90年代才从西方引进。

一、职业生涯规划的"5W"模式

(一)你是谁(Who are you)

对自己做一个深刻的反思，全方位地认识自己。如对自己的学历、所学专业、兴趣、爱好、动机、能力、特长及技能等做个全面的评估，逐一列出。

(二)你想做什么(What do you want)

对自己职业发展的心理趋向进行检查，指明职业发展方向。每个人在不同阶段的兴趣和目标会发生改变，甚至对立。随着年龄和阅历的增长，目标不断调整，最终锁定自己的人生理想。

(三)你能做什么(What can you do)

这部分是对自己的能力和潜能的全面总结。一个人职业的决定因素归结于能力，发展空间的大小主要取决于潜能。对潜能的了解可以从自身知识结构、学习能力、兴趣及沟通能力等方面进行重点认识。

(四)环境支持或允许你做什么(What can support you)

环境支持在客观方面包括本地的各种状态，如经济发展、企业制度、人事政策、职业空间等；主观方面包括同事关系、领导态度及亲戚关系等，应综合两方面加以分析。

(五)你将成为什么(What can you be in the end)

通过对上面四个问题的详尽回答，综合分析，便可找准自己的职业定位、职业选择和职业目标，最终形成有效的职业生涯规划。

二、职业发展过程的五个阶段

美国的职业指导专家舒伯提出了人生完整的职业发展阶段模式，以年龄为标准，将人的职业生涯归划分为五个主要的阶段：成长阶段、探索阶段、确立阶段、维持阶段和衰退阶段。

(一)成长阶段(4~14岁)

以幻想、兴趣为中心,对自己所理解的职业进行选择与评价。这一阶段又分为三个时期:

1. 幻想期(4~10岁)

从外界获得各种关于职业的认识,在幻想中扮演自己喜爱的职业角色。

2. 兴趣期(11~12岁)

以兴趣为中心,对自己所理解的职业进行选择与评价。

3. 能力期(13~14岁)

开始考虑自身条件,并有意进行能力培养。

(二)探索阶段(15~24岁)

在学校、业余活动及实践中进行自我体验、自我认识的职业探索时期。其从属阶段有:

1. 暂定期(15~17岁)

在考虑需要、兴趣、能力、价值取向及职业机会等多种因素的基础上,做出暂时的选择。

2. 过渡期(18~21岁)

进入就业市场或专门的训练机构,根据现实考虑职业,寻求自我意识的实现。

3. 尝试期(22~24岁)

经过选择将自己定位于合适的领域,并试图将其作为终身职业来对待。

(三)确立阶段(25~44岁)

通过探索和尝试,找到合适的职业,并力图将其作为永久性的职业。这一阶段又分为两个时期:

1. 尝试期(25~30岁)

个体对经过探索而初步确定的职业做实际尝试,或坚持首选职业,或修正、变动职业,直至寻找到真正适合自己的终身职业。

2. 稳定期(31~44岁)

是在实际尝试后,发现能够满足自己的意愿以及与自己能力相适应的职业。于是,努力使职业生涯稳定下来。

(四)维持阶段(45~60岁)

经过若干年的努力奋斗,取得了一定的成绩和地位,维持现状,提升自己的社会地位。

(五)衰退阶段(60岁以后)

在这一阶段,人的健康状况和工作能力都在逐步衰退,职业生涯接近尾声或退出工作领域,成为职业活动的旁观者。

情境二 个体特征与择业

一、性格与职业匹配

性格指个人在先天生理素质的基础上，在社会实践活动和不同环境熏陶下逐渐形成的、对现实较为稳固的心理特征。

心理学专家认为，根据性格选择职业，能使自己的行为方式与职业工作相吻合，更好地发挥自己的聪明才智和一技之长，从而得心应手地驾驭本职工作。如：理智型性格喜欢周密思考，善于权衡利弊得失，故适合选择管理性、研究性和教育性的职业；情绪型性格通常表现为情感反应比较强烈和丰富，行为方式带有浓厚的情绪色彩，故适合艺术性、服务性的职业；意志型性格通常表现为行为目标明确，行为方式积极主动，坚决果断，故多适合经营性或决策性的职业。

性格影响职业的选择表现在两方面。一是人际关系：不同人的性格在人际关系中具有不同的相处方式、方法和效果。因此，在选择职业时，要考虑自己的性格是否适合在人际关系较复杂、人较多的职业中劳动。二是职业性质和特点：不同职业性质和特点对就业者的性格要求也不同，从职业角度要求的性格就是职业性格。不同性格的人要考虑职业性质和特点所要求的性格类型。比如，自己性格活泼，兴奋性高，情绪易激动，那就不符合秘书的职业要求，应选择公共关系、销售之类的职业。

（一）职业性格测验

国际高智商协会的专家们通过开展职业个性研究，根据个性维度和工作方式维度，将人类分为八种基本性格类型。八种基本性格类型的特点与适合的职业见表9-1。

表 9-1　　　　　　　　　　性格类型的特点与适合的职业

性格类型	主要特点	适合的职业
喜欢独处（So）	自立，主动；有时被看成是安静，也有可能被看成是傲慢，甚至被看成是"局外人"；自行其是，与人相处有时会害羞，人多时感到不自在；超然，有目的性，能自己做决定；机智，不喜欢传播"小道消息"	考古学家、医生、译员、司机、作家、技工、摄影师、程序员等
合群（G）	合群，但不一定是领导人物；喜欢呼朋唤友，讨厌孤独；忠诚并愿提供帮助；为了得到接纳，会轻易地被说服；为了合群会改变自己的行为；能解决人与人之间的分歧；爱参与，喜欢和别人一起做决定	航空员、拍卖员、秘书、娱乐管理员、物业管理员、军人、活动组织者等
果断（A）	富有攻击性，有主宰倾向，固执；急于求成；喜欢大声讲话，直接切中要点；有决断力，会冒险去得到自己想要的东西；爱刨根问底；爱出风头，但也会赢得别人的尊重；可能对别人的感受视而不见；有批判性，咄咄逼人，勇于承担责任	经纪人、俱乐部经理、演员、邮递员、编辑、销售人员、酒店管理员、采购员、谈判人员、记者等
消极被动（P）	愿把问题留给自己，宁愿放弃也不愿和人争论；容易相处，通常是好的合作伙伴；乐于与人交往，而且也不会轻易烦躁；可能不会直接说出自己的想法；避免对抗，会努力去取悦别人	计算机操作人员、裁缝、篆刻家、园丁、专利审查员、书本装订员等

(续表)

性格类型	主要特点	适合的职业
有想象力(I)	对别人的感受比较敏感和情绪化,而且善于表达自己;不冲动,常思考后再做决定;容易被别人影响,容易受到别人的伤害;经常在小事上花太多的时间;常感到沮丧和挫折;富有创新性	艺术工作者、作家、音乐人、舞蹈演员、植物学家、装饰工作者等
尊重事实(F)	能有逻辑地看待事物,比较冷静,脚踏实地,喜欢有秩序、有组织的行为方式;不容易被别的事情分散精力;能以一种克制的方式做事;善于分析,能看出问题的关键;能避开那些烦扰别人的细节,喜欢信息和事实	律师、摄影师、海关官员、潜水员、房地产代理商、技工、警察等
跟着感觉(Sp)	活泼但比较冲动,喜欢变化的环境;为人风趣、热情、富有感染力;因为老是在变换自己追逐的对象,容易被看成缺乏"深度";尽管会发挥很大的作用,但可能会忘记组织纪律	舞蹈演员、服装设计师、广告助理、按摩师、模特、公关经理等
深思熟虑(D)	能冷静、平稳、可靠、耐心地等待事情的发生;不容易受外界干扰;能根据变化的情况处理问题;做事深思熟虑,使人对自己产生信赖;看起来可能有点缺乏生气或反应迟钝;平淡无奇;自鸣得意,属于那种会说"我早就告诉你"的人;压力面前应付自如,能井井有条地完成任务	救护人员、行政官员、临床医学工作者、生物工程科研者、消防员、外科医生等

(二)人格-职业匹配理论

人格-职业匹配理论由美国职业指导专家和心理学家霍兰德于1959年提出。他认为个体的人格特征(价值观、动机或需要)是职业选择的重要决定因素。他通过职业倾向性测验确定了六种人格类型,对应六种职业类型:现实型、研究型、艺术型、社会型、管理型和常规型。大多数人都具有不止一种类型,这些倾向越相似或协调,做出职业选择时面临的内心冲突越小,决策越容易。当个体所从事的职业与其职业类型匹配时,潜在能力可以得到彻底的发挥。

1. 现实型

这种类型的人不重视社交,而重视物质的、实际的利益。他们喜欢户外活动,愿意使用和操作工具,热衷于通过自己的手来创造新事物。在职业选择上,他们喜欢从事有明确要求、需要一定的技能技巧、能按一定程序操作的工作,如实验、机械操作、建筑安装、工程安装、野外工作,等等。

2. 研究型

这种类型的人有强烈的好奇心,重分析,热衷于科学探索和实验,对周围的人不感兴趣。他们习惯于通过思考,在思想中解决所面临的难题,但并不一定去实际操作。喜欢面对疑问和挑战,愿意从事需要创造力的工作。喜欢从事自然科学和社会科学等方面的工作。

3. 艺术型

这种类型的人想象力丰富,性格活泼,勤于创作。他们喜欢艺术性工作及具有许多自我表现机会的艺术环境。不喜欢体力活动,对高度规范化、程式化的工作不感兴趣。情绪变化大,敏感,喜欢单独行动,往往过于自信。喜欢从事自由的、有一定艺术素养的职业，如音乐、舞蹈、绘画、摄影、文学、影视等与美感直接或间接有关的职业。

4. 社会型

这种类型的人助人为乐，善交际，重感情，责任心强，关心社会的公正与正义，适应能力强。喜欢处于集体的中心地位，善于通过调整与他人的关系来解决生存的问题。他们不喜欢剧烈运动的工作，不喜欢与机器打交道。喜欢从事与他人建立和发展各种关系的职业，如教育、医疗、就业指导，等等。

5. 管理型

这种类型的人善于辞令，精力充沛，自信，热情，富有冒险精神，支配欲强，缺乏从事精细工作的耐心，愿意担任有领导责任的社会工作。喜欢与人争辩，总是力求使别人接受自己的观点。喜欢从事的职业包括公务员、厂长、经理、推销员、政治家、经纪人、社会活动家、影视节目制作人，等等。

6. 常规型

这种类型的人易顺从，个性稳定，作风踏实，喜欢从事有规律并很有秩序的工作，包括在语言和数量方面都有较强的规范性的工作。他们尽职尽责，有自我控制能力。喜欢从事的职业包括办公室人员、会计统计人员、税务人员、管理员、银行职员、机器操作员，等等。

二、气质与职业定位

生活中，不难发现这样的现象：有人选择了教师的职业，可是性情暴烈、缺乏耐心；有人选择了记者的职业，但生性沉稳、反应迟缓。于是，原先理想的职业失去了原有的色彩。究其原因，并不是这些人能力低下，而是因为他们的气质与所从事的职业不相适应。可见，气质类型不仅会影响一个人职业的选择，而且决定着完成活动的进程，也在一定程度上决定着活动的结果。所以，求职者应根据自己的气质类型，有针对性地选择适合自己的职业。

多血质气质的人反应迅速、热情、开朗、表情丰富、充满自信、敢作敢当，但情绪变化快，注意力不够集中；胆汁质气质的人性格外向，精力旺盛、性情外露、率直、果敢，但易悲观、急躁、易怒，缺乏自制力和耐心；黏液质气质的人沉着冷静、反应迟缓，具有自我调节的能力和决断能力，坚毅、沉默，但执拗，不易适应新环境；抑郁质气质的人性格内向，有较高的感受性，观察细致、责任心强，无论从事什么职业都能一丝不苟，是思考型的人，也是完美主义者，但易情绪化，心神不定，易悲观。

在实际生活中，大多数人都是混合型气质，接近于某种类型，同时兼有其他一两种气质类型的某些特点。混合型气质主要包括胆汁质-多血质、胆汁质-黏液质、多血质-胆汁质、多血质-黏液质、黏液质-胆汁质、抑郁质-多血质、抑郁质-黏液质七种。

每个气质类型都有其所长，也有其所短。职业活动对人的心理特点提出了相应的要求，气质能够影响职业效率。某种特殊职业必须按照特殊需要对人的气质进行预先选择，以便使气质特点符合职业活动的要求。气质体现了个体差异，不同气质对事业的成功有相当大的影响。气质类型与适合的职业见表9-2。

表 9-2　　　　　　　　　　　　　　气质类型与适合的职业

类别	多血质	胆汁质	黏液质	抑郁质
特征	活泼好动、敏感	热情、直率、性情外露、急躁	稳重、自制、内向	安静,情绪不易外露,办事认真
优点	举止敏捷、姿态活泼;情绪鲜明,有较大的可塑性;语言表达和感染能力强、善交际	积极热情、精力旺盛,坚韧不拔;语言明确,富于表情;性情直率,处理问题迅速果断	心平气和;遇事谨慎、善于克制忍让;工作认真,有耐久力,注意力不易转移	感受性强,易相处,人缘好;工作细心谨慎、稳妥可靠
缺点	粗心浮躁,办事多凭兴趣,缺乏耐力和毅力	易急躁,热情忽高忽低,办事粗心,有时刚愎自用,傲慢不恭	不够灵活,容易固执拘谨,一旦激动会变得强烈稳固而深刻	缺乏果断与信心,适应能力差,容易产生悲观情绪
适合的职业	企业管理人员、外事人员、公关人员、驾驶员、医生、律师、运动员、警察、服务员等	导游、推销员、勘探工作者、节目主持人、外事接待人员、演员等	外科医生、法官、财务人员、统计员、播音员等	机要员、秘书、编辑、档案管理员、化验员、保管员等

三、智能与职业潜力

美国教育学家和心理学家霍华德·加德纳在1983年出版的《智能的结构》一书中提出多元智能理论,并在后来的研究中不断得到发展和完善。他认为智能不是一种能力而是一组能力,智能不是以整合的方式存在而是以相互独立的方式存在。每个人身上至少存在八项智能,即言语语言智能、数理逻辑智能、视觉空间智能、音乐韵律智能、身体运动智能、人际沟通智能、自我认识智能和自然观察智能。

这八种智能的观点在某种程度上还只是一个理论框架或构想,随着心理学和生理学等相关学科的进一步发展,多元智能的种类将可能得到发展。多元智能类型与适合的职业见表9-3。

表 9-3　　　　　　　　　　　　　多元智能类型与适合的职业

智能类型	智能特点	适合的职业
言语语言智能	对语言的掌握和灵活运用的能力。表现为用语言思考、用语言和词语的多种不同方式来表达复杂意义	活动家、主持人、律师、演说家、编辑、作家、记者、教师等
数理逻辑智能	对逻辑结果关系的理解、推理、思维表达能力。突出特征为用逻辑方法解决问题,有对数字和抽象模式的理解力,以及认识、解决问题的应用推理能力	科学家、会计师、统计学家、工程师、电脑软件研发人员等
视觉空间智能	对色彩、形状、空间位置的正确感受和表达能力。突出特征为对视觉世界有准确的感知,产生思维图像,有三维空间的思维能力,能辨别感知空间物体之间的联系	航海家、飞行员、雕塑家、画家、发明家、建筑师、摄影师、服装设计师、广告设计师等
音乐韵律智能	感受、辨别、记忆、表达音乐的能力。突出特征为对环境中的非言语声音,包括韵律和曲调、节奏、音高、音质等具有敏感性	歌唱家、作曲家、指挥家、音乐评论家、调音师等

(续表)

智能类型	智能特点	适合的职业
身体运动智能	身体的协调、平衡能力。能控制运动的力量、速度等,灵活性好。突出特征为利用身体交流和解决问题,能熟练地进行物体操作,并进行需要良好动作技能的活动	运动员、演员、舞蹈家、外科医生、手工艺人、机械师等
人际沟通智能	对他人的表情、话语、手势、动作的敏感程度以及对此做出有效反应的能力。表现为个人能觉察、体验他人的情绪情感并做出适当的反应	政治家、外交家、领导者、心理咨询师、公关人员、推销员等
自我认识智能	个体认识、洞察和反省自身的能力。突出特征为对自己的感觉和情绪敏感,了解自己的优缺点,能用自己的知识来引导决策,设定目标	哲学家、政治家、思想家、心理学家等
自然观察智能	能够观察自然的各种形态,对物体进行辨认和分类,并能洞察自然或人造系统	天文学家、生物学家、地质学家、考古学家、环境设计师等

四、兴趣与职业趋向

兴趣是个体积极探索某种事物,并带有积极情绪色彩的心理倾向,是对客观事物表现出的选择性态度。兴趣是人们做事的动力,有利于创造性思维的形成。

(一)兴趣的分类

人的需要是复杂多样的,这决定了兴趣也是多种多样的。有的人好动手,有的人好动脑,有的人喜欢与人打交道,有的人喜欢与物打交道,有的人喜欢独自钻研,有的人喜欢集体协作……这些兴趣、爱好会直接影响职业选择。

兴趣可分为物质的兴趣、精神的兴趣和社会的兴趣。物质的兴趣与人的需要相关联,表现为对物质的迷恋和追求,如收藏的兴趣;精神的兴趣主要是指对文化、科学、艺术的迷恋和追求,如写作、绘画、书法、摄影、发明创造等兴趣;社会的兴趣主要是指对社会工作和组织活动的迷恋和追求。

人只有将能力和兴趣结合起来考虑,才有可能取得职业生涯的成功。获得诺贝尔物理学奖的华人科学家丁肇中说过:"兴趣比天才重要。"

(二)兴趣的发展阶段

从时间纵轴上看,兴趣的发生和发展一般要经历这样一个过程:有趣—乐趣—志趣。

1. 有趣

有趣是兴趣发展过程的第一个阶段,也是兴趣发展的初级阶段,它往往短暂易逝,非常不稳定。处于这一阶段的兴趣常常与对某一事物的新奇感相联系,随着这种新奇感的消失,兴趣也会自然地逝去。

2. 乐趣

乐趣是兴趣发展过程的第二个阶段,它是在有趣定向发展的基础上形成的,是兴趣发展的中级阶段。在这一阶段中,兴趣变得专一、深入起来。例如,喜爱文学的人很可能会整天沉溺于文学作品中。

3. 志趣

志趣是兴趣发展过程的第三个阶段,当乐趣同社会责任感、理想、奋斗目标结合起来时,乐趣便变成了志趣。志趣是取得成就的根本动力,是成功的重要保证。

(三)兴趣与职业

具体来说,兴趣对职业的影响主要表现在以下三个方面:

1. 兴趣是职业选择的重要依据

具有一定兴趣类型的人更倾向于寻找与此有关的职业类型,特别是在外界环境限制较小时,更倾向于选择自己感兴趣的职业。因此,对兴趣及兴趣类型有了正确的评估,可以帮助一个人做出正确的职业生涯选择。

2. 兴趣可以增强职业适应性

兴趣是最好的老师,有了兴趣就有了做好工作的热情,工作热情可以促进能力的发挥,兴趣和能力的有效结合又会大大提高工作效率。

3. 兴趣影响工作稳定性

兴趣影响工作的稳定性,这是由兴趣的本质所决定的。兴趣也影响工作的满意度,在某些情况下(如不考虑经济因素)甚至具有决定性作用。

【情境演练】

按表9-4的格式设计一份职业生涯规划。

表9-4　　　　　　　　　　职业生涯规划设计

评分要素	评分要点	具体描述
职业生涯规划设计书内容（60分）	自我认知	1. 自我分析清晰、全面、深入、客观,自身优劣势认识清晰
		2. 综合运用各类人才测评工具评估自己的职业兴趣、个性特征、职业能力和职业价值观
		3. 能从个人兴趣、成长经历、社会实践和周围人的评价中分析自我
	职业认知	1. 了解社会整体就业趋势与大学生就业状况
		2. 对目标职业的行业现状、前景及就业需求有清晰了解
		3. 熟悉目标职业的工作内容、工作环境、典型生活方式,了解目标职业的待遇、未来发展趋势
		4. 清晰了解目标职业的进入途径、胜任标准以及对生活的影响
		5. 在探索过程中会应用文献检索、访谈、见习、实习等方法
	职业决策	1. 职业目标确定和发展路径设计符合外部环境和个人特质（兴趣、技能、特质、价值观）,符合实际,可执行,可实现
		2. 对照自我认知和职业认知的结果,全面分析自己的优劣势及面临的机会和挑战,职业目标的选择过程阐述详尽,合乎逻辑
		3. 备选目标要充分根据个人与环境的评估进行分析确定,备选目标职业发展路径与首选目标发展路径要有一定相关性
		4. 能够正确运用评估理论和决策模型做出决策

(续表)

评分要素	评分要点	具体描述
	计划与路径	1.行动计划要发挥本人优势,弥补本人不足,具有可操作性 2.近期计划详尽清晰、可操作性强,中期计划清晰、具有灵活性,长期计划具有导向性 3.职业发展路径充分考虑进入途径、胜任标准等探索结果,符合逻辑和现实
	自我监控	1.科学设定行动计划和职业目标的评估方案,标准和评估要素明确 2.正确评估行动计划实施过程和风险,制订切实可行的调整方案 3.方案调整依据个人与环境评估分析确定,并考虑首选目标与备选目标的联系和差异,具有可操作性
参赛作品设计思路（40分）	作品完整性	内容完整,对自我和外部环境进行全面分析,明确提出职业目标、发展路径和行动计划
	作品逻辑性	职业生涯规划设计报告思路清晰、逻辑合理,能准确把握职业生涯规划设计的核心与关键

【情境拓展】

职业倾向测试

测试题：

请根据对以下每一道题目的第一印象回答"是"或"否",不必仔细推敲,答案没有好坏、对错之分。

1.喜欢把一件事情做完后再做另一件事。

2.在工作中喜欢独自筹划,不愿受别人干涉。

3.在集体讨论中,往往保持沉默。

4.喜欢做戏剧、音乐、歌舞、新闻采访等方面的工作。

5.每次写信都一挥而就,不再重复。

6.经常不停地思考某一问题,直到想出正确的答案。

7.对别人借我的和我借别人的东西,都能记得很清楚。

8.喜欢抽象思维的工作,不喜欢动手的工作。

9.喜欢成为人们注意的焦点。

10.喜欢不时地夸耀一下自己取得的成就。

11.曾经渴望有机会参加探险。

12.当自己独处时,会感到更愉快。

13.喜欢在做事情前,对此事情做出细致的安排。

14.讨厌修理自行车、电器一类的工作。

15.喜欢参加各种各样的聚会。

16.愿意从事虽然工资少、但是比较稳定的职业。

17. 音乐能使我陶醉。
18. 办事很少思前想后。
19. 喜欢经常请示上级。
20. 喜欢需要运用智力的游戏。
21. 很难做那种需要持续集中注意力的工作。
22. 喜欢亲自动手制作一些东西,并从中得到乐趣。
23. 动手能力很差。
24. 和不熟悉的人交谈毫不困难。
25. 和别人谈判时,总是很容易放弃自己的观点。
26. 很容易结识同性朋友。
27. 对于社会问题,通常持中立的态度。
28. 当开始做一件事情后,即使碰到再多的困难,也要执着地干下去。
29. 是一个沉静而不易动感情的人。
30. 工作时,喜欢避免干扰。
31. 理想是当一名科学家。
32. 与言情小说相比,更喜欢推理小说。
33. 有些人太霸道,有时明明知道他们是对的,也要和他们对着干。
34. 爱幻想。
35. 总是主动地向别人提出自己的建议。
36. 喜欢使用榔头一类的工具。
37. 乐于解除别人的痛苦。
38. 更喜欢自己下了赌注的比赛或游戏。
39. 喜欢按部就班地完成要做的工作。
40. 希望能经常换不同的工作来做。
41. 总留有充裕的时间去赴约会。
42. 喜欢阅读自然科学方面的书籍和杂志。
43. 如果掌握一门手艺并能以此为生,会感到非常满意。
44. 曾渴望当一名汽车司机。
45. 听别人谈"家中被盗"一类的事,很难引起同情。
46. 如果待遇相同,宁愿当商品推销员,也不愿当图书管理员。
47. 讨厌跟各类机械打交道。
48. 小时候经常将玩具拆开,把里面看个究竟。
49. 当接受新任务后,喜欢以自己的独特方法去完成它。
50. 有文艺方面的天赋。
51. 喜欢把一切安排得整整齐齐、井井有条。
52. 喜欢当一名教师。
53. 和一群人在一起的时候,总想不出恰当的话来说。
54. 看情感影片时,常禁不住眼圈红润。

55.讨厌学数学。

56.在实验室里独自做实验会寂寞难耐。

57.对于急躁、爱发脾气的人,能以礼相待。

58.遇到难解答的问题时,常常放弃。

59.大家公认自己是一名勤劳踏实、愿为大家服务的人。

60.喜欢在人事部门工作。

计分标准:

正向计分题后面的题号,答"是"计1分,答"否"计0分;反向计分题后面的题号,答"否"计1分,答"是"计0分。总分的高低决定自己与不同职业类型的匹配程度。

1.现实型

正向计分题(2、13、22、36、43);反向计分题(14、23、44、47、48)

2.研究型

正向计分题(6、8、20、30、31、42);反向计分题(21、55、56、58)

3.艺术型

正向计分题(4、9、10、17、33、34、49、50、54);反向计分题(32)

4.社会型

正向计分题(26、37、52、59);反向计分题(1、12、15、27、45、53)

5.管理型

正向计分题(11、24、28、35、38、46、60);反向计分题(3、16、25)

6.常规型

正向计分题(7、19、29、39、41、51、57);反向计分题(5、18、40)

结果分析:

1.现实型 R(REALISTIC)

(1)共同特点

愿意使用工具从事操作性工作,动手能力强,做事手脚灵活,动作协调。偏好具体任务,不善言辞,做事保守,较为谦虚。缺乏社交能力,通常喜欢独立做事。

(2)性格特点

感觉迟钝、谦逊。踏实稳重、诚实可靠。

(3)职业建议

喜欢使用工具、机器,需要基本操作技能的工作。喜欢要求具备机械方面才能、良好体力或从事与物件、机器、工具、运动器材、植物、动物相关的职业,并有兴趣。如:技术性职业(计算机硬件人员、摄影师、制图员、机械装配工等),技能性职业(木匠、厨师、技工、修理工、农民等)。

2.研究型 I(INVESTIGATIVE)

(1)共同特点

思想家而非实干家,抽象思维能力强,求知欲强,肯动脑,善思考,不愿动手。喜欢独立的和富有创造性的工作。知识渊博,有学识才能,不善于领导他人。考虑问题理性,做事讲究精确,喜欢逻辑分析和推理,不断探索未知的领域。

(2)性格特点

有韧性,喜欢钻研。为人好奇,独立性强。

(3)职业建议

喜欢智力的、抽象的、可分析的、独立的定向任务,喜欢要求具备智力或分析才能,且将其用于观察、估测、衡量、形成理论、最终解决问题的工作,并具备相应的能力。如科学研究人员、教师、工程师、电脑编程人员、医生、系统分析员等。

注:工作中调研兴趣强的人做事较为坚持,有韧性,善始善终;调研兴趣弱的通常做事容易浅尝辄止,韧性也弱。

3.艺术型 A(ARTISTIC)

(1)共同特点

有创造力,乐于创造新颖、与众不同的效果,渴望表现自己的个性,实现自身的价值。做事理想化,追求完美,不重实际。具有一定的艺术才能和个性。善于表达,怀旧,心态较为复杂。

(2)性格特点

有创造性,敏感,容易情绪化,较冲动,有时不喜欢服从指挥。

(3)职业建议

喜欢的工作要求具备艺术修养、创造力、表达能力和直觉,且能将其用于语言、行为、声音、色彩和形式的审美、思索和感受。如艺术方面(演员、导演、艺术设计师、雕刻家、建筑师、摄影家、广告制作人等)、音乐方面(歌唱家、作曲家、乐队指挥等)、文学方面(小说家、诗人、剧作家等)。

注:艺术兴趣高的人倾向于理想化,做事追求完美。艺术的测试不是指做艺术工作,而是工作中的艺术,倾向于将事情做得漂亮、有美感、有情调、锦上添花。

4.社会型 S(SOCIAL)

(1)共同特点

喜欢与人交往、不断结交新的朋友、善言谈、愿意教导别人。关心社会问题、渴望发挥自己的社会作用。寻求广泛的人际关系,比较看重社会义务和社会道德。

(2)性格特点

为人友好、热情、善解人意、乐于助人。

(3)职业建议

喜欢与人打交道的工作,能够不断结交新的朋友,喜欢从事提供信息、启迪、帮助、培训、开发或治疗等事务,并具备相应能力。如教育工作者(教师、教育行政人员等),社会工作者(咨询人员、公关人员等)。

5.管理型 E(ENTERPRISE)

(1)共同特点

好追求权力、权威和物质财富,具有领导才能。喜欢竞争,敢冒风险,有野心/抱负。为人务实,习惯以利益得失、权力、地位、金钱等来衡量做事的价值,做事有较强的目的性。

(2)性格特点

善辩、精力旺盛、独断、乐观、自信、好交际、机敏、有支配愿望。

(3)职业建议

喜欢要求具备经营、管理、劝服、监督和领导才能,以实现机构、政治、社会及经济目标的工作,并具备相应的能力。如项目经理、销售人员、营销管理人员、政府官员、企业领导、法官、律师等。

注:工作中通常要求管理人员和销售人员有较强的企业兴趣,企业兴趣强则做事目的性强,务实,推动性也较强;若企业兴趣弱,则做事的推动性较弱,速度较慢。

6.常规型 C(CONVENTIONAL)

(1)共同特点

尊重权威和规章制度,喜欢按计划办事,细心,有条理,习惯接受他人的指挥和领导,自己不谋求领导职务。喜欢关注实际和细节情况,通常较为谨慎和保守,缺乏创造性,不喜欢冒险和竞争,富有自我牺牲精神。

(2)性格特点

有责任心、依赖性强、高效率、稳重踏实、细致、有耐心。

(3)职业建议

喜欢要求注意细节、精确度,有系统,有条理,具有记录、归档、据特定要求或程序组织数据和文字信息的职业,并具备相应能力。如秘书、办公室人员、记事员、会计、行政助理、图书馆管理员、出纳员、打字员、投资分析员等。

参考文献

1. 夏凡.个人整体形象四季倾向诊断与设计.广州:广东经济出版社,2004.
2. 徐莉.妆容形象的视觉设计.南京:东南大学出版社,2005.
3. 黄雄杰.口才训练教程.广州:广东高等教育出版社,2006.
4. 夏光.大学生职业生涯规划指南.北京:机械工业出版社,2009.
5. 詹洋.礼仪的力量.北京:中国长安出版社,2011.
6. 贾毅、钟妍、叔翼健.普通话语音与科学发声训练教程.北京:中国传媒大学出版社,2015.
7. 郑小兰.有逻辑地提问.北京:北京理工大学出版社,2015.
8. 西武.哈佛情商课(修订本).沈阳:辽宁人民出版社,2017.
9. 吴雨潼.人际沟通实务教程.3版.大连:大连理工大学出版社,2018.

特别说明:

本教材在编写过程中,参阅了许多名家名作,并参考、摘引了有关网络资料,因许多网络资料几经转载已无从查证其出处,因此没有一一列入参考文献中,特此说明,并表示诚挚的谢意。